今すぐ使える

Notion

基本+活用+テンプレート

しっかり学びたい人も　すぐに使いたい人も

これ1冊でOK!

著 rie

秀和システム

※本書は2024年1月現在の情報に基づいて執筆されたものです。
本書で紹介しているサービスの内容は、告知無く変更になる場合があります。あらかじめご了承ください。

はじめに

この本は、Notionって何？という方から、話題のNotionを始めてみたい、始めてはみたもののいまいち使いこなせない、という方に向けて書きました。Notion特有の概念や基本のポイントを押さえ、さまざまな機能を学べるようにステップごとに詳細に解説、テンプレートで具体的な使い方を学べるように構成しています。

Notionは、さまざまな情報を集約することができるツールで、ポイントをおさえれば簡単に・感覚的に使い始めることができます。

その一方で、多機能であり、各自がカスタマイズできるので、中には難しく感じる部分があるかと思います。この本ではさまざまな機能をなるべく詳しく解説していますが、前提として、全ての機能を覚える必要はありません。これはどうやるんだろう？やってみたい！と思ったら、少しずつ覚えてみる、というイメージでOKです。

まったく初めてという方は、まずは特典のテンプレートを見てみてください。実際にどんな使い方ができるか、イメージを膨らませていただけたらと思います。

わたしはこれまで、アナログ・デジタルのさまざまなツールを渡り歩いてきましたが、今は生活にまつわるほとんどの記録や情報をNotionに集約しています。そうすることで、頭の中が整理され、行動も変わりました。Notionとの出会いは、大袈裟ではなく、人生を変えるレベルのインパクトがありました。

Notionは、みなさんのアイディア次第でさまざまな表現が可能になるツールです。自由に、Notionの世界を楽しんでみてください！

rie

特典について

特典内容

①テンプレート10点

- **テンプレート一覧**

1. **メモ**　シンプルなメモ
2. **タスク**　シンプルなタスク管理ができる
3. **習慣トラッカー**　身につけたい習慣を日々チェックする
4. **学習計画＆ノート**　学習計画と学習ノートをあわせて管理する
5. **OKR管理**　OKRのエッセンスを使って目標達成を目指す
6. **プロジェクト＆タスク**　タスクをプロジェクトに紐付けて管理できる
7. **鑑賞録**　お気に入りの映画、本などを登録しておく
8. **レシピ**　お料理のレシピを登録する
9. **SNS管理**　ブログやSNSの投稿やスケジュールを管理する
10. **日記**　日々の振り返りが簡単にできる日記

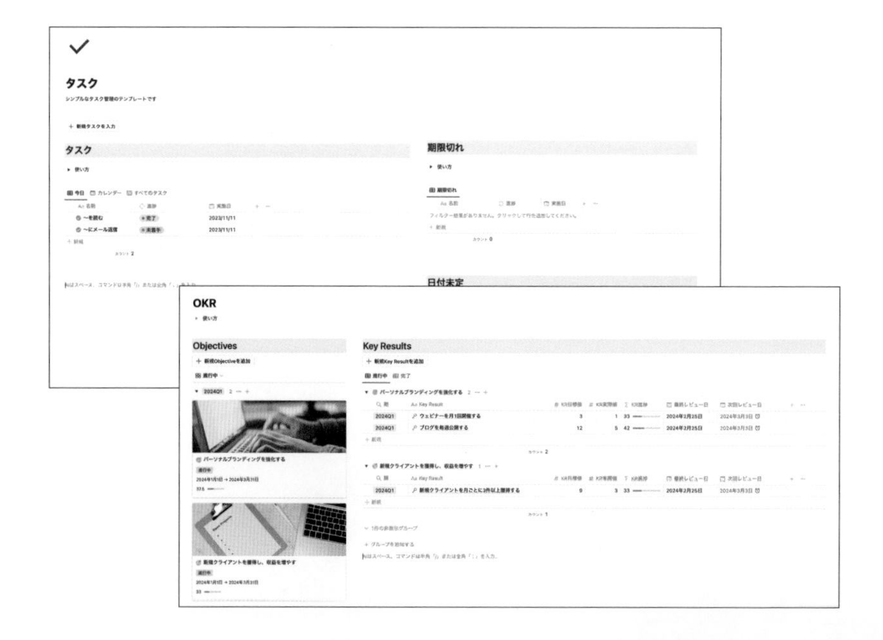

● **テンプレート詳細**

テンプレートの使い方や詳細については、それぞれ以下の箇所で解説しています。

Chapter2　「1. メモ」「2. タスク」
Chapter8　「3. 習慣トラッカー」〜「6. プロジェクト＆タスク」
特典ページ内　「7. 鑑賞録」〜「10. 日記」

②レクチャー＆ワークシート

本書で解説した機能のおさらいや、掲載しきれなかったトピックを解説します。

③Notionと一緒に使えるおすすめツール リンク集

Notionとあわせて使うと便利なツールをまとめたリンク集です。

特典の受け取り方
下記URLにアクセスし、テンプレートを複製してください。
URL　https://bento.me/rie

Contents 目　次

Chapter 3 ページとブロックの使い方

Chapter 4 データベースの使い方

Chapter 5 Notionを使いやすくする

Chapter 6 みんなでNotionを使おう

Chapter 7 Notion AIを使ってみよう

Chapter 8 特典テンプレートの使い方

Chapter

Chapter 1

Notionを始めよう

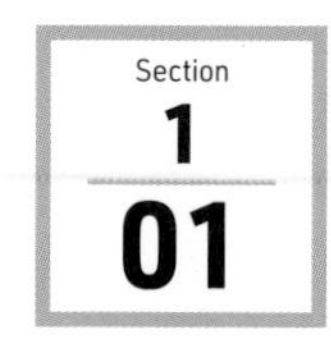

Notionの魅力

Notionというツールがどんなものなのか、他のツールと何が違うのか？まずは簡単にNotionの魅力を紹介します。

さまざまな情報を集約できる「オールインワンワークスペース」

Notionは、さまざまな場所に散らばっている情報をひとまとめにすることができるツールです。Notionはこの特徴を「All-in-one workspace」と例えています。

ドキュメント作成ツールやスマホのメモアプリ、各SNS、ブラウザでのブックマークなど、さまざまなツールを皆さんも実際に使っていると思いますが、それらを横断して使う中で、情報を整理する手間と時間がかかっていませんか？

Notionは、生活や仕事に必要なドキュメント、予定、日々取り組むタスクやプロジェクトの管理、学習ノートなどのナレッジ管理、マニュアルやレシピなどのストック情報をひとまとめにすることができます。**既存ツールと連携することで、Notionを"情報の母艦"として使うことが可能**です。

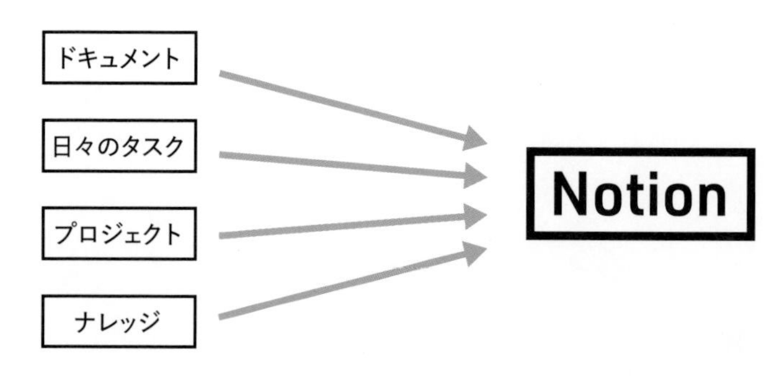

共同作業できる「コネクティッドワークスペース」

Notionは個人利用はもちろん、小規模なチームや、企業でも利用できます。**知識をまとめ、情報共有やコミュニケーションを円滑にする**ことができます。

Notionではこの特徴を「Connected workspace」と例えています。

Notionは2022年11月より正式に日本語対応となったこともあり、日本の大企業・法人にも続々と導入され始めています。具体的には、トヨタ自動車、三菱重工、サイバーエージェント、日本貿易振興機構（ジェトロ）などで導入されており、社内ポータルサイト、チームのタスクやプロジェクト管理、ミーティング議事録などの共有ドキュメント管理に利用されています。

個人で使える無料プランでも、ページURLを公開して簡易Webサイトとして使ったり、ゲストユーザーと共同編集を行ったりできます。

▼利用イメージ

個人		チーム
手帳代わり	情報収集	ドキュメント共有
趣味の記録	ブログ執筆	社内ポータルサイト
日記	学習ノート	簡易ホームページ

自由自在にレイアウトできる

Notionは、簡単なテキスト入力やドラッグ&ドロップによって、自由自在に編集することが可能です。

「プログラミング」や「コード」などの専門的な知識が無くても使える「ノーコードツール」なので、**自分が使いやすいような仕組みを、自分自身で作る**ことができます。

▼ ドラッグ&ドロップで自由自在に動かせる

自分仕様にカスタマイズできる

シンプルに使いたい人も、細部までこだわりたい人も、これまでさまざまなツールを渡り歩いてきた方も、それぞれが好きなように使えるのがNotionの魅力です。自分の使いやすいようにカスタマイズしていきましょう。

書くことに集中できる

Notionは、他の文書作成ツールと異なり、ごちゃごちゃしたメニューが見えないので、書くこと自体に集中できます。

ショートカットを覚えると、驚くほど速いスピードでドキュメントを作成することができるようになります。

▼ シンプルな画面で集中できる

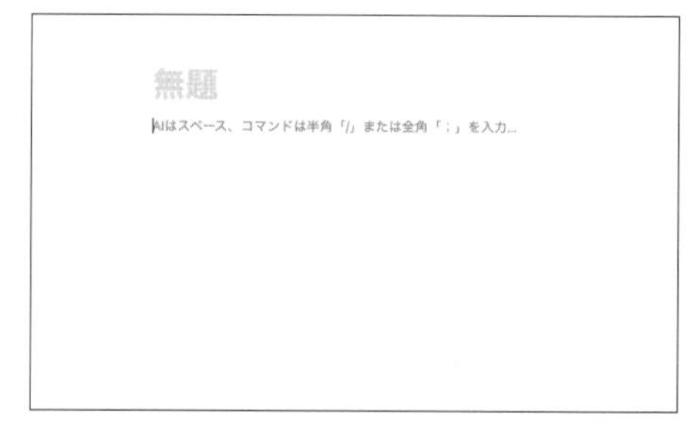

データベースを設計できる

メモアプリなどと異なる点は、データベースを手軽に作成できることです。「プログラミング」などの専門知識が無くても、必要な項目をカスタマイズしたデータベースを構築することができます。**データベースは、似た情報を集めて、まとめて管理できる機能**です。例えば、「タスクの進捗を管理するデータベース」「日記を書くためのデータベース」などを作ることができます。

データベースを使いこなすことで、Notionの利便性はグッと高まります。

データベースを使って情報をまとめられる

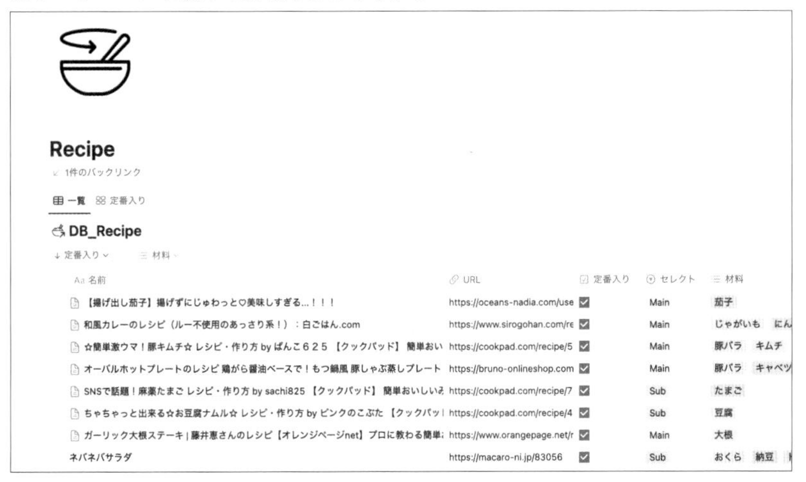

テンプレートを使って効率的に始められる

Notionは非常に自由度の高いツールですが、最初は真っ白なページからスタートすることになります。何でもできるからこそ、何からしたらいいかわからない、という状態になるかもしれません。

そこでおすすめなのが、「テンプレート」です。Notion公式テンプレートギャラリーでは、**世界中のユーザーが公開しているテンプレートを複製して使う**ことができます。これらのテンプレートには、さまざまなノウハウやアイディアが詰まっています。

Notionのターニングポイントの1つは、テンプレート機能を公開したことだったと言われています。Notionのテンプレートを通して、さまざまな使い方が世界中のユーザー同士で共有され始め、ユーザー数が飛躍的に伸びたとのことです。

▼ Notionテンプレートギャラリー（日本語）

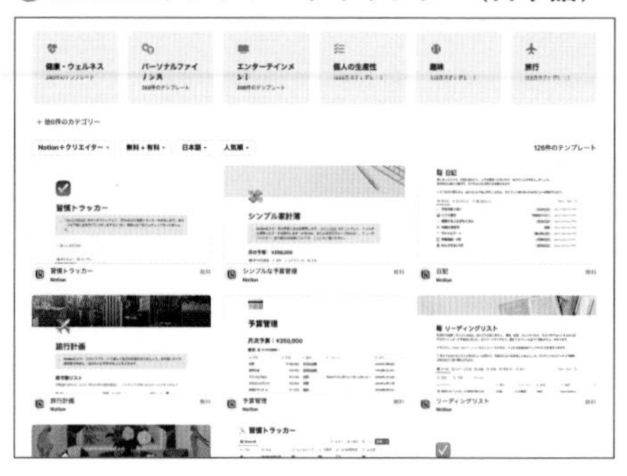

Notion AIがクリエイティビティのアシスタントに

2023年2月、Notion AIがリリースされました。Notion内のドキュメントやデータベースの編集を行う際、Notionのページ上でAIに指示を出すと、要約、翻訳、アイディア出し、校正などをAIがサポートしてくれます。

▼ 新規コンテンツや既存コンテンツをAIで作成・編集できる

Column Notionはどんな企業？

Notionを提供しているNotion Labs, Inc.は、サンフランシスコに本社を置く企業です。
Notionは、共同創業者兼CEO（最高経営責任者）のIvan Zhao氏と、共同創業者兼CTO（最高技術責任者）のSimon Last氏が京都に滞在中、最初のコードが書かれたプロダクトです。つまり、Notionの原型は京都で生まれたのです。
Notionの変わらない哲学は、シンプルを極めること。彼らは、京都の街や人の「細部へのこだわり」「職人技」「シンプルな暮らし」「カスタマーサクセスへの意識」からインスパイアを受けたと語っています。
Notionは非常にユーザーとの距離が近く、コミュニティも活発です。世界中で交流会が行われており、社員のみなさんと直接話せる機会もあります。ユーザーの声が届きやすく、新機能の追加などアップデートが頻繁に行われています。

Notionを使う前に

プラン・料金をチェック

Notionには、フリー、プラス、ビジネス、エンタープライズの4種類のプランがあります。

▼プラン一覧（※2024年1月時点）

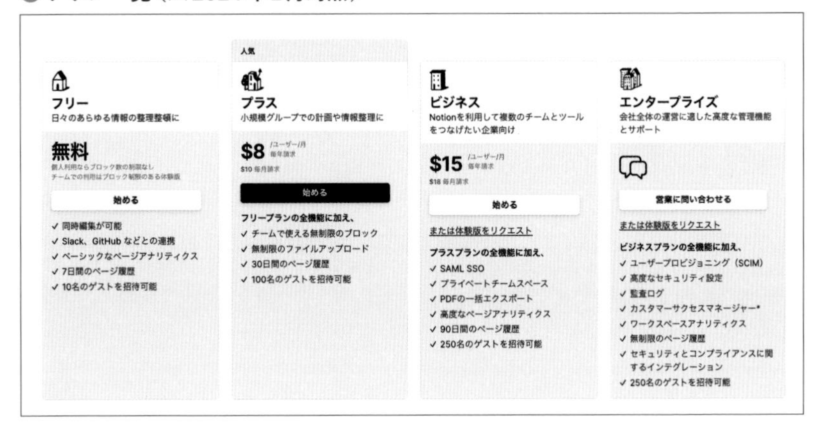

個人で使う場合のプラン

個人の場合、基本的な機能に関しては、無料のフリープランでも充分に使えます。

上位プランを検討する必要があるのは、以下のような場合です。

- 1ファイルあたり5MBのアップロード上限では足りない場合
- 自分以外のゲストユーザー（ページの共同編集などができる）を11人以上招待したい場合

チームや法人で使う場合のプラン

チームメンバーと共同のワークスペースを使う場合は、プラスプラン以上に加入する必要があります。ワークスペースを共同で利用するメンバー毎に料金がかかります。

求められるセキュリティやサポートに応じてプランを選択しましょう。

Check! 学生・教育関係者はプラスプランが無料

学生や教育関係者はプラスプランを無料で使える場合があります。「ac.jp」ドメインを含む学校のEメールアドレスでサインアップすると適用されます。詳細は公式ホームページを確認してください。

Check! NotionAIの料金について

NotionAIは別料金です。（P.302参照）

NotionはPC、スマホで使える

Notionは、デスクトップアプリ（Mac、Windows）、ブラウザ（Safari、Google Chrome、Microsoft Edgeなど）、モバイルアプリ（iOS、Android）で使えます。

わたしは主にChromeとモバイルアプリを使っています。

Chromeは、拡張サービスを使うと、Notionにいろいろな便利な機能を導入することができます。

モバイルアプリは、ホーム画面からNotionの各ページへアクセスするウィジェットも設定できるので便利です。（スマホから便利に使う方法も後述します）

Check! ライトモード、ダークモードが選択できる

ライトモード、ダークモードは、サイドバーの設定>個人設定>表示設定から選択できます。

Section 1 03 最短でNotionを使いこなすためのおすすめステップ

Notionは感覚的に使いやすい一方、「自由すぎて何からやれば良いかわからない」「独特の概念が分かりづらい」「Notionを使う習慣が身につかない」など、いくつかつまずきやすいハードルもあります。

それによって、「Notion挫折した…」という声も少なくありません。

この書籍は、最短でNotionを使いこなすためのおすすめステップに基づいて構成しました。わたしが実際にNotionをゼロから学んだ経験や、ビギナーサポートを行っている中でみなさんがつまずきやすいポイントを踏まえ、読み進めながら効率的にNotionをマスターできるようなステップになっています。

1. 他のユーザーの使い方をリサーチして、イメージを掴む

Notionにログインしたら、ほぼ真っ白な状態からスタートすることになります。すぐにゼロからページを作ろうとすると大変なところがあるかもしれません。自分が何をどこまで管理したいのか、どうやって運用していくのか、Notionでどこまでできるのか？　最初はわからないことだらけです。

そのため、まずは他のユーザーがどのように使用しているかリサーチしてみましょう。**Notionをはじめる前に、いろんな人が実際に使っているページをSNSなどで見て回るのがおすすめ**です。

2. Notion独自の概念を知る

Notionはいたってシンプルに使うこともできますが、多機能なツールです。すべての機能を最初から覚える必要はありません。よく使う項目から少しずつ覚えていき、使い方に慣れていきましょう。

Chapter1で、最低限押さえておきたいNotionの基本概念を紹介しています。

3. テンプレートを使う

Notionをマスターするのに手っ取り早いのは、ユーザーが公開している多様なテンプレートから学ぶことです。こんなこと管理してみたいなと思ったら、それに近いものを誰かが作っていると思います。**「Notionでやりたいこと」から逆算して、機能を学びましょう。**

まずはテンプレートを使って使い方に慣れ、その後、自分仕様にアレンジしていくのがおすすめです。

Chapter2で紹介するテンプレートを使ってみましょう。

4. 自分でページを作ってみる

テンプレートで操作に慣れてきたら自分でページを作ってみます。複雑そうに見えても、意外と感覚的に作れてしまうのがNotion。この使い方良さそう！と思ったものを真似して作ってみると、これまでのステップで気付かなかった機能がいろいろ出てくるはずです。

Chapter3 、4では、自分でページとデータベースを作るための機能を紹介しています。

5. Notionに情報を集約する

Notionのページが作れるようになったら、**Notionを日常的に使えるように工夫**してみましょう。情報を一箇所に集める便利さを体験してください。Chapter5では、情報を集約・整理するためのポイントや、スマホからのアクセスなど、Notionをさらに使いやすくするコツを紹介します。

6. カスタマイズして使いやすいページにする

視認性を良くするためにアイコンやヘッダーを変えたり、好きな写真を貼ってみたり、ウィジェットを埋め込んだりして、カスタマイズしていきます。ストレスなく使える・開くのが楽しくなるようなページにしていくことで、

Notionを使うことが習慣化されやすくなります。Notionと一緒に使うと便利なツール一覧も、特典で紹介しています。

7. シンプルな運用を保つ

Notionで色々なことができるようになると、今度は作り込みすぎて収拾がつかないという状態になり得ます。「いろいろ作ってみたけど使わないな」と思ったものは、思い切ってカットしてみるなど、運用を時々見直すことをおすすめします。

8. みんなで使う

個人で使うことに慣れたら、他の人と共有して使ってみましょう。他のユーザーに共有したり、共同編集することもできます。Chapter6では、Notionをみんなで使う方法を解説します。

9. 最新情報をチェックする

Notionはアップデートが頻繁にあり、どんどん使いやすくなっています。Chapter7で紹介するNotion AIも2023年に正式リリースされましたし、この本を執筆中にも、新機能がたくさん発表されました。ぜひ最新情報をチェックしてください！

Section 1 04 Notionの登録方法

では実際に、Notionを始めてみましょう。

❶ ブラウザからNotionのWebサイトを表示する（URL：https://www.notion.so/ja-jp）
❷ 画面右上の「無料でNotionをダウンロード」をクリック

❸「サインアップ」画面が表示される
❹ メールアドレスを入力
❺「メールアドレスでログインする」をクリック

Check! 個人利用の場合

画面には「勤務先のメールアドレス」とありますが、個人利用の場合は任意の個人アドレスを入力してください。

❻「一時的なサインアップコードをお送りしました」というメッセージが表示される

❼ ❹で入力したメールアドレスに、「Notionのサインアップコードは〜です」という件名のメールが届く
❽「このマジックリンクでサインアップするには、ここをクリックしてください」をクリック

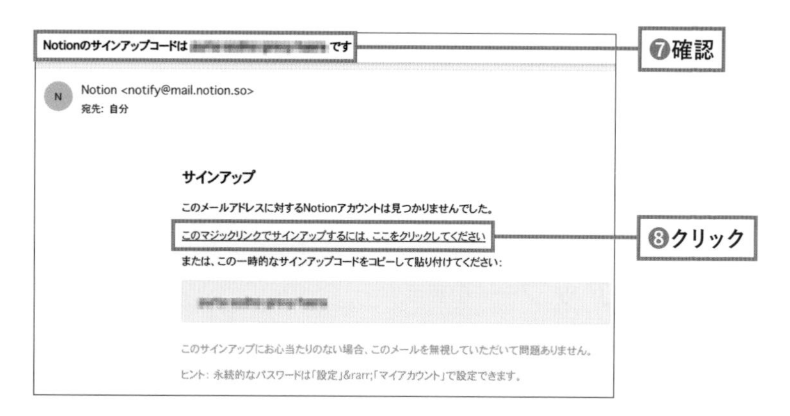

Check! サインアップコードの利用

サインアップコードを使用することもできます。受信したメールに記載されている「一時的なサインアップコード」をコピーし、❻で表示したNotionのサインアップ画面でサインアップコードを貼り付けます。その後、「新規アカウントを作成する」をクリックしましょう。

❾「Notionへようこそ」画面が表示される
❿ Notionで表示する名前を入力（※必須）（後から設定画面でも変更可）
⓫ パスワードを入力（※必須）（後から設定画面でも変更可）
⓬「Notionに関するマーケティングコミュニケーションの受信に同意します。」チェックボックスをチェック、またはチェックを外す
⓭「写真を追加」をクリックし、任意の画像を登録することが可能（後から設定画面でも変更可）
⓮「続ける」をクリック

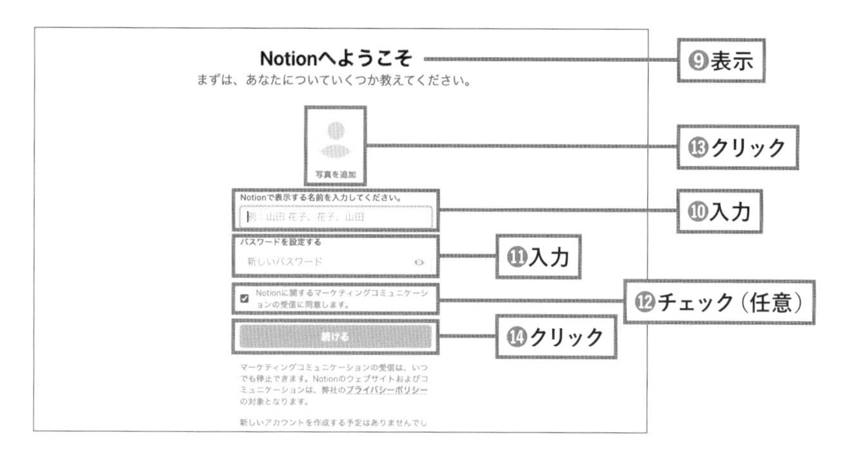

Check! メールアドレス以外での登録方法

今回はメールアドレスを利用して登録（サインアップ）しましたが、❸の画面にあるように「Googleアカウント」または「Appleアカウント」からの登録も可能です。すでにGoogleアカウントまたはAppleアカウントを持っている場合はこの方法から登録すると便利です。

⑮「Notionの用途を選択」画面が表示される
⑯ 今回は「個人で利用」をクリック（後から変更可能）
⑰「続ける」をクリック

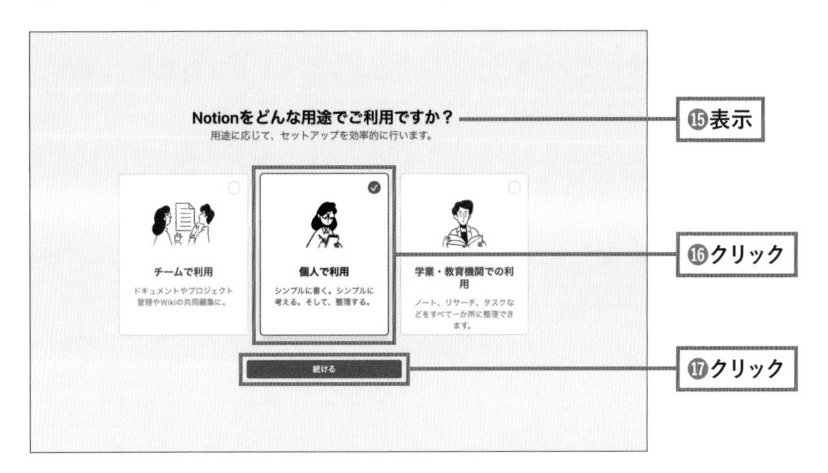

⑱ ワークスペースが作成され、以下のような画面が表示される

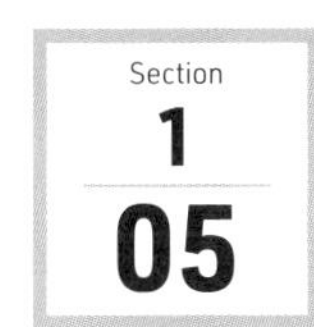

ワークスペースとは

「ワークスペース」は、作業環境のようなイメージです。Notionの階層の中で、最上位の概念と言えます。Notionにログイン後、一番左上にワークスペース名が表示されています。

1つのアカウントを作ると、最低1つのワークスペースを使うことになります。

個人で使う場合は、1つのワークスペースからシンプルに始めるのが良いです。情報を集約できるのがNotionなので、なるべく一箇所にまとめておくのがおすすめです。

一緒に使いたい人が増えてきた場合、チームで使いたい場合などに、異なるワークスペースを用意します。その場合、ワークスペースを「個人用」「仕事用」などと切り替えることが可能です。詳細は「Chapter6　みんなでNotionを使おう」で後述します。(P.282参照)

Check! はじめから入っているテンプレートは消してしまってもOK

はじめから入っているテンプレートは特に使わない場合は不要なので、確認後に消しても差し支えありません。
残しておきたい場合は、入手したテンプレートをまとめるページを作るのもおすすめです。

▼はじめから入っているテンプレート

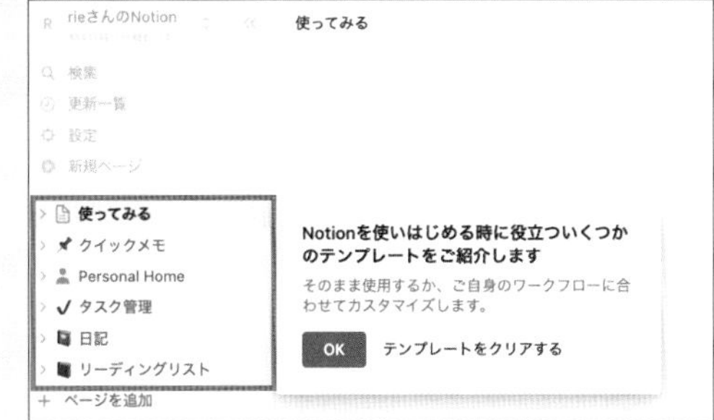

Check! ワークスペース名の名称変更

ワークスペース名の変更は、サイドバーの「設定」>ワークスペースの「設定」>ワークスペース名から可能です。

画面の見方

ワークスペース全体の画面構成を見てみましょう。一つ一つの機能を最初からすべて覚える必要はありません。まずは、どこに何があるかを大体把握するようなイメージで見ていきましょう。

画面左側はサイドバー、画面上側にはトップバー、その下にページのコンテンツが表示されます。

▼画面の名称

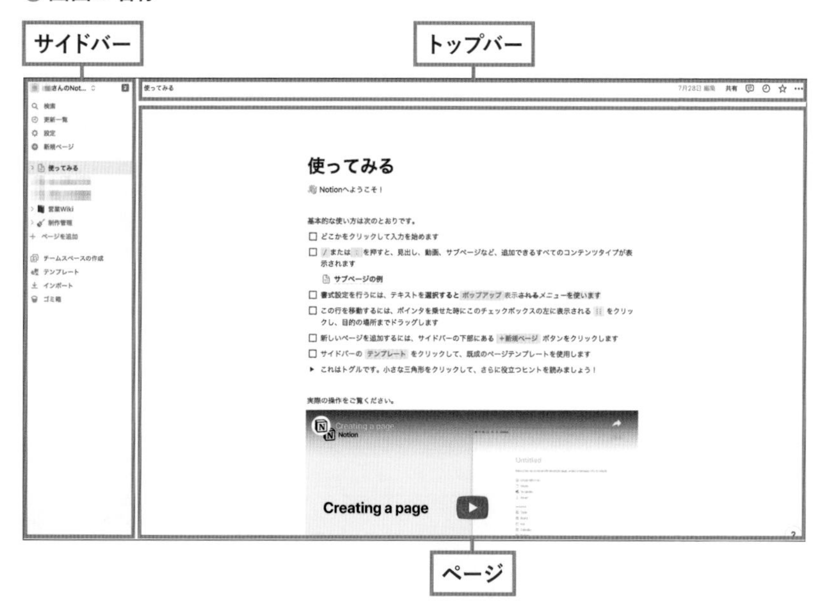

サイドバー

サイドバーには、**ワークスペース全体の情報**が表示されます。プランや利用状況によって、少し見え方が異なります。

基本的なサイドバーの見方

基本的には、サイドバーは以下のような構成になっています。

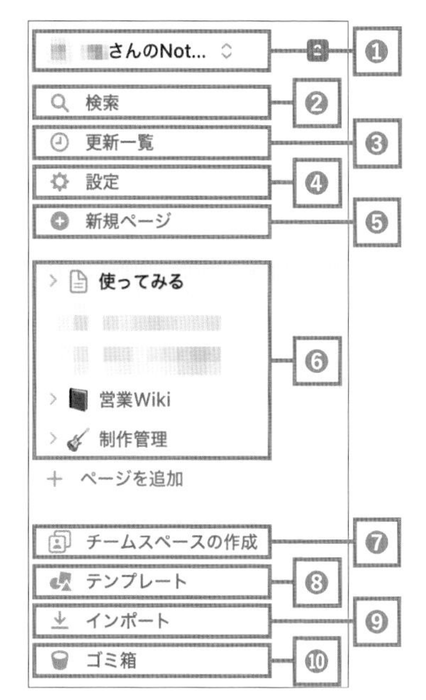

❶ ワークスペース切り替えメニュー

複数のワークスペースに参加している場合、ここから切り替え可能

❷ 検索

ワークスペース内の情報を検索できる。最近開いたページの一覧も見られる

❸ 更新一覧

リマインダーやメンションなどの通知が確認できる。未読通知がある時は赤いバッジが付く

❹ 設定

アカウントやワークスペースの設定ができる

❺ 新規ページ

新規ページを作成できる

❻ 既存ページの一覧

作成したページの一覧が表示される

❼ チームスペースの作成

チームスペースを作成できる

❽ テンプレート

Notion公式で配布されているテンプレートが検索できる

❾ インポート

外部サービスからインポートができる

❿ ゴミ箱

削除したページが表示でき、復元も可能

サイドバー 4つのセクション

Notionを使い始めると、ワークスペースの利用状況によって4つのセクションが表示され、サイドバーが少し変化します。

❶ お気に入り
お気に入り☆にマークしたページが表示され、アクセスしやすくなる

❷ チームスペース
チームで使う場合、ここにチームのページが表示される

❸ シェア
特定のユーザーと共有したページ・されたページが表示される

❹ プライベート
アカウント保有者のプライベートページ。チームで使う場合も、ワークスペース内の他の人は見ることができないセクション。「Web公開」しない限り、自分だけがアクセスできるページ

トップバー

トップバーには、**現在開いているページの情報**が表示されます。

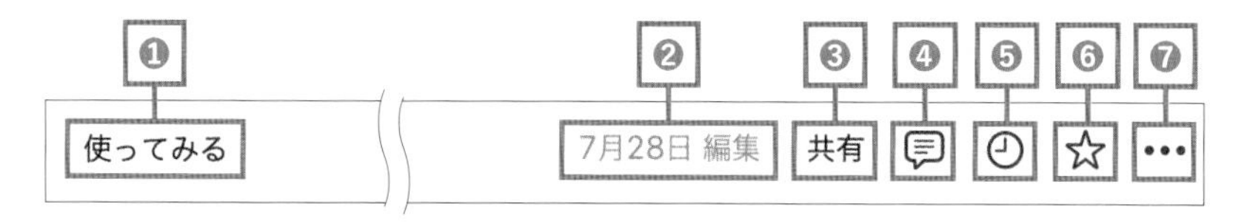

❶ 階層リンク

現在のページが置かれている階層が表示される

❷ 編集日

最後に編集した月日が表示される

❸ 共有

ページへの招待や、Web公開が行える

❹ コメント

クリックすると画面右側にサイドバーが現れ、コメントが表示される

❺ 更新履歴

クリックすると画面右側にサイドバーが現れ、ページの更新履歴が表示される

❻ お気に入り

アイコン☆をクリックすると、表示しているページが左のサイドバーに固定表示される

❼ ページの各種設定

ページの書式設定などが行える

ページ

ページは、コンテンツを作成するエリアです。

ページタイトルと、ページの中身（後述する「ブロック」のエリア）が表示されます。

Section 1 07

Notionを使うための基本のポイント

Notionには独特な概念がいくつかあります。Notionを体験する上で、知識の土台となる部分を簡単に解説します。まずはざっくりとNotionがどのように構成されているかを知りましょう。

Notionの構成イメージ

Notionの階層は、「ワークスペース＞ページ＞ブロック」と表現できます。**「ワークスペースという大きな入れ物の中に、ページを作る。ページの中身は、さまざまなブロックを組み合わせて作る」**というイメージです。

▼ Notionの構成イメージ

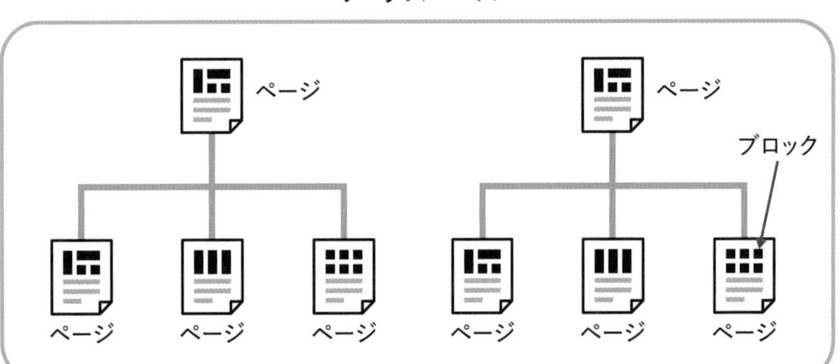

まず**Notionの一番の基本となるポイントは、「ページ」と「ブロック」**です。Notionはこの2つのポイントのおかげで、感覚的に操作できるようになっています。

最小単位は「ブロック」

「ブロック」はテキストや画像、他のサービスの埋め込みなど、ページ内にさまざまなコンテンツを入れるエリアのことです。

Notionの説明では、おもちゃのLEGOブロックに例えられています。LEGOを組み立てるように、自由自在にNotionを組み立てていくイメージを思い浮かべてみてください。

「ページ」は「ブロック」の集まり

「ブロック」をレイアウトして作るのが、「ページ」です。

「ページに追加されるさまざまなコンテンツ一つ一つ」がブロックです。

▽ページの中に複数のブロックが入っている状態

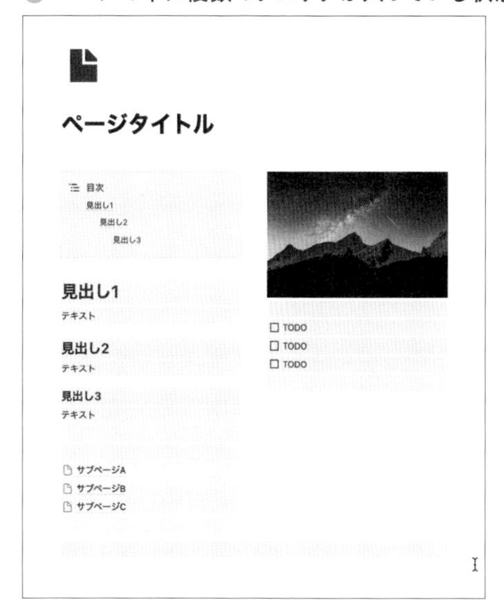

左の画像のように、ページ内の、選択されている一つ一つが「ブロック」です。(背景色がついているところです)

画像を見ると、「サブページA」「サブページB」「サブページC」もブロックとして選択されています。つまり、「ページ」自体も実はブロックの一種であることがわかります。

「ページ」は階層化できる

Notionには「フォルダ」という概念がありません。その代わりに、「ページ」内に「ページ」を作って、階層化することができます。

階層化されると、サイドバーにも表示されます。

サイドバーを見てみると、先ほど確認した「サブページA」「サブページB」「サブページC」が階層化されているのがわかります。

▼サイドバーで階層化が確認できる

Notionを始めたばかりの時は、階層化や分類は後から考えるのがおすすめです。どんなページが必要になるか最初はわからないため、階層化を考えても複雑で手が止まってしまいます。

あとから同じような内容のページが増えてきたら親ページに集約するなどして整理していきましょう。

つまり、トップ（上の階層・親ページ）から考えるのではなく、ボトム（下の階層・子ページ、孫ページ）から必要なページを作っていく感覚でOKです。

階層を深くしすぎると、どこに何があるか見つけづらくなるので注意しましょう。

「ブロック」と「ページ」は、ドラッグ&ドロップで動かせる

Notionの**「ブロック」と「ページ」は、ドラッグ&ドロップで自由自在に動かす**ことができます。

つまり、最初から全体の構成が明確に決まっていなくても、まず今必要なページから作成して、後から階層を変えたり、分類を考えたりすることができるということです。

「データベース」は似た「ページ」の集まり

Notionの特徴的な機能、データベースは、まとまった情報を管理したい時に使用します。例えば、タスクデータベース、メモデータベース、ブックマークデータベースなどとして使うことができます。

このデータベースも、実は一つ一つの「ページ」で構成されています。例えば、タスクデータベースの中身は、「タスクA」「タスクB」という各ページで構成されています。つまり、**同じようなデータを扱う複数の「ページ」を、1つのデータベースとしてまとめて管理**できます。

ただ、ふつうのページと違い、プロパティという機能でラベル付けができたり、さまざまな見せ方ができるという特徴を持っています。

ここまでで、ざっくりと押さえておきたいポイントは以下の通りです。

- Notionはブロックでできている
- ブロックでさまざまなコンテンツを表現でき、ブロックをLEGOのように組み立ててページを作る
- ページは階層化できる
- ページとブロックは簡単に移動できるので、後からでも階層化や分類を考えることができる
- データベースは似たような要素を持つページの集まり

Chapter 2

テンプレートを体験する

Section 2 01

Notionの利用例

あなたは日常でどんなことをメモしているでしょうか？　そして、Notionで何を管理したいと思っていますか？　ここでは、まずどんな利用例があるか見てみましょう。

タスク管理

日々やることをデータベースで管理できます。進捗や期日、担当者を確認することができます。

スケジュール管理

日々の予定を記録しておくことができます。データベースはカレンダー表示もできます。

講義スケジュール

この講義スケジュールでは週間タスクや読み物、課題や試験まで網羅的に管理できます。
ご自身の担当領域に合わせて、種別やトピックをカスタマイズしてお使いください。詳細はこちら。
↓データベースのタブを切り替えて、種別ごとのビューやカレンダー形式での表示にも切り替えられます。

すべて　種類別　講義　課題　試験　他1件　フィルター　並べ替え

↑日付　件名　日付　種類　トピック　＋フィルターを追加

件名	日付	種類	トピック
エッセイ #1	2019年11月2日	課題	革命以前
エッセイ #2	2019年11月5日	課題	アメリカ革命
第1週	2019年11月16日 → 2019年11月20日	講義	革命以前
中間試験 #1	2019年11月17日	試験	アメリカ革命　革命以前
期末試験	2019年11月19日	試験	第二次世界大戦　世界恐慌

学習

授業や習い事で学んだことをまとめるノートとして使えます。

レビュー	Name	クラスID	種別	教材	作成日
☐	「一票の格差」問題	MAT 630	セミナー		2022年12
☑	アメリカの戦後経済	HIST 230	セクション	https://www.th...	2022年12
☐	イシグロカズオ：ディスカッション	LIT 455	研究グループ		2022年12
☑	バロック様式：カンディンスキー	ART 399	読み物	https://open.s...	2022年12
☐	90年代英国文学	LIT 455	講義		2022年12

日記

毎日あったことの一言日記を付けられます。もちろん、たっぷり書きたい人は画像などを埋め込んで自由に書くことができます。

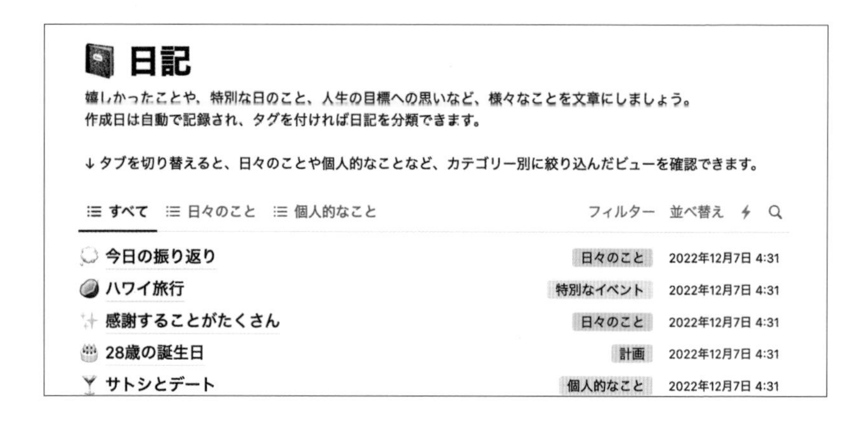

習慣トラッカー

習慣化したいことを記録できます。進捗率もチェックできるので、どのくらい頑張ったか目に見えて分かります。

ミーティング議事録

会議メンバーや会議で出た課題をまとめておけます。参加できなかった人にリマインドすることもできます。

ミーティング

ミーティング プリセット

ミーティング　自分のミーティング　他1件

作成者　参加者　ミーティング種別

はじめてのミーティング

【モバイル】エンジニアリング・デザインチーム情報共有会

スプリント30 プランニング

家計簿

簡単な家計簿もまとめておけます。同じページに銀行口座のリンクを貼っておくと、より便利に利用できます。

シンプル家計簿

Notionヒント：月の予算と支出を管理します。すべての支出 をクリックして、フィルターを適用したデータを表示します（外食のみ、または日付でグループ化など）。ビューやフィルター、並べ替えの詳細については、こちらをご覧ください。

月の予算：¥350,000

すべての支出　月別　カテゴリー別　他1件

支出

Aa 支出	# 金額	カテゴリー	日付
食料品	¥55,000	生活費	2022年11月16日
書籍	¥3,000	エンタメ	2022年11月14日
サチコとごはん	¥5,000	外食	2022年11月13日
映画	¥1,800	エンタメ	2022年11月9日

ブログ投稿管理

ブログをやっている方は、下書きから執筆、投稿スケジュールなどを管理できます。

その他、以下のようなことも管理できます。

- やりたいことリスト
- ブックマークなどの情報を保存
- 趣味の記録
- コレクション

Notionでどんなページを作りたいか、イメージが湧きましたか？

Section 2 02

公式テンプレートギャラリーの使い方

Notionでやりたいことのイメージがついたら、まずはテンプレートを探して複製してみましょう。Notionは、実例から学ぶのが手っ取り早いです。Notionユーザーがあれこれ考えて作ったテンプレートは、たくさんの工夫が詰まっているからです。気になったテンプレートはどんどん複製してみましょう。

公式テンプレートギャラリーの使い方

まずは、公式テンプレートギャラリーでテンプレートを探してみましょう。

❶ ブラウザからテンプレートギャラリー（https://www.notion.so/ja-jp/templates）を表示

❷ テンプレートを探してクリック

❸ テンプレートの詳細ウィンドウが表示される
❹ 無料のテンプレートの場合は［このテンプレートを使ってみる］をクリック

Check! テンプレートは無料と有料がある
有料の場合は、アクセス先の購入方法に従って購入してください。

❺「複製先のワークスペースを選択」と表示される。複製したいワークスペースをクリック

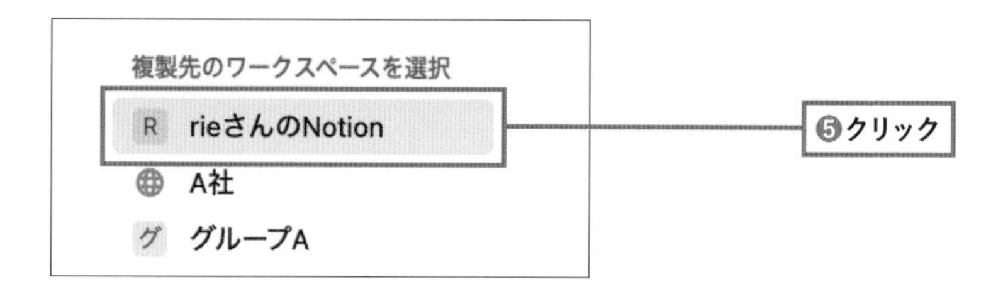

❻ 自分のワークスペースにテンプレートが複製される

Column Notionに慣れるためにもテンプレートを使おう

自分でこだわって作りたい人も、最初は慣れるためにテンプレートを使ってみるのがおすすめです。
わたしは気になるテンプレートはどんどん複製し、サイドバーの一番下にテンプレートをまとめるページを作っています。テンプレートを操作しながら、Notionの機能を覚えると効率が良いです。

Section 2 03 特典のテンプレートを使ってみる: シンプルなメモ

この書籍にも、テンプレートを特典として付けていますので、そのまま複製して使い始めることができます。

Notionでどんなことができるのか、まずテンプレートを触って体験してみてください。

思いついたらなんでもメモ

Notionの一番シンプルな使い方は、メモとして使うこと。

まずはシンプルな「メモ」テンプレートから体験してみましょう。

メモを「データベース」機能を使って管理することで、ラベル別に分類したり、作成日を自動で入れたりすることができます。

では、データベースに新規メモを追加してみましょう。例として、旅行の持ち物リストを作成してみます。

❶「＋新規メモを追加」ボタンをクリック（既存ページ下の「＋新規」またはデータベース右上の青いボタン「新規」からでも可能）

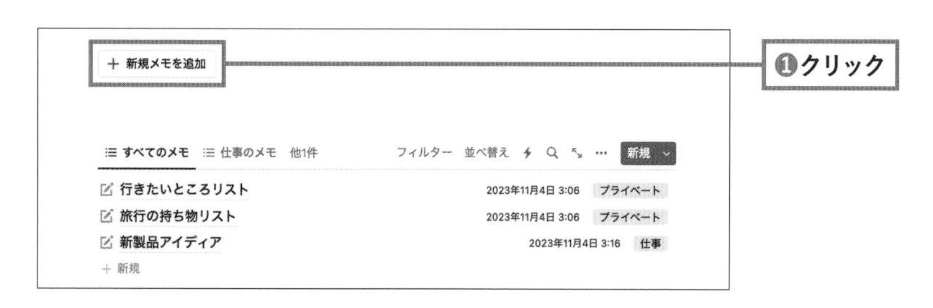

❷ データベースに情報を登録する。ここではタイトルに「旅行の持ち物リスト」を入力。メモ種別は「プライベート」を選択

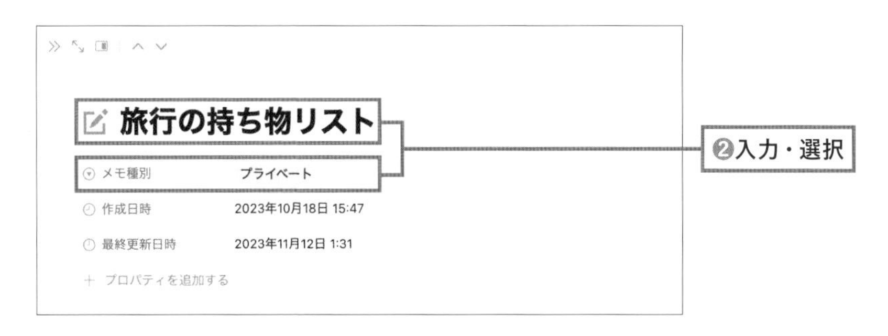

Check! 作成日時と最終更新日時は入力不要

作成日時・最終更新日時は自動で入力されます。

❸ ページの下部は自由にテキストや画像を入れることができるエリア。テキストはそのまま書き始められる。テキスト以外のコンテンツは、「/(スラッシュ)」コマンドを使って入力できる。今回はチェックリストを作りたいので「/todo」と入力。以下の画面のようにサジェストが表示されるので、Enterキーを押す

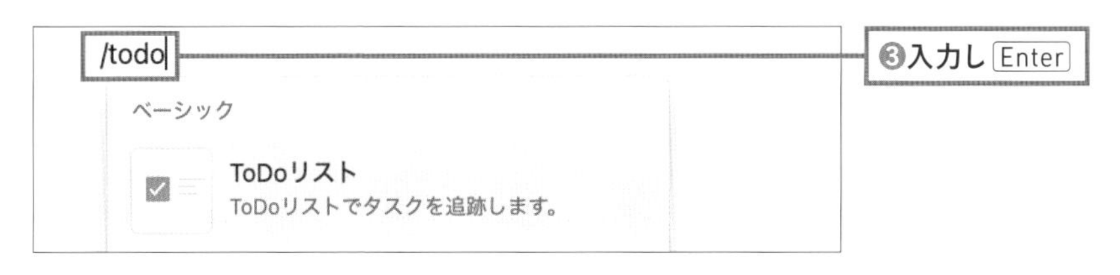

Check! スラッシュコマンド

「/todo」は「/(スラッシュ)」コマンドの1つで、「/todo」とキーボード入力するとチェックリストが作成されます。スラッシュコマンドをすべて覚える必要はありません。/を押すだけでメニューが表示されます。

❹ チェックボックスが作成される。持ち物の名前を入力して Enter キーを押すと、次のチェックボックスが作成される

- [ ] 現金
- [ ] クレジットカード・デビットカード・電子マネー
- [ ] 携帯電話・スマートフォン
- [ ] 充電器・バッテリー
- [ ] 航空券や新幹線のチケット（データ画面や二次元コード）
- [ ] 免許証・保険証・学生証
- [ ] コンタクトレンズ・眼鏡
- [ ] 常備薬（胃腸薬・頭痛薬・風邪薬・酔い止め薬・ピルなど）
- [ ] マスク
- [ ] 下着
- [ ] 靴下
- [ ] 着替え
- [ ] 化粧品・洗面道具
- [ ] 家の鍵

AIはスペース、コマンドは半角「/」または全角「；」を入力...

❺ 持ち物を用意したらチェックボックスにチェックを入れる（※左下の画像を参照）

❻ ドラッグしてすべてを選択し、もう一度いずれかのチェックボックスを押すと、すべてクリアされるので、何度も使うこともできる（※右下の画像を参照）

▼チェックした状態

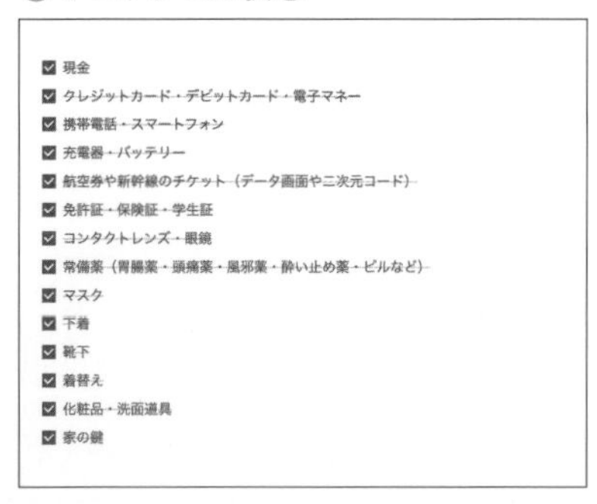

▼全選択した状態

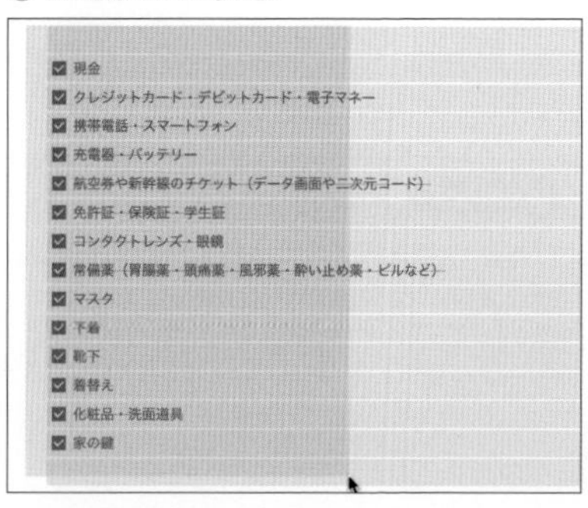

自由自在に分類し、切り替え表示できる

❷で操作したように、このテンプレートでは、メモを「仕事」と「プライベート」に分類しています。この分類によって、切り替え表示することができます。

ここでは、データベース左上にある「すべてのメモ」「仕事のメモ」「他1件」をクリックすると、切り替えが可能です。「他1件」をクリックすると、表示しきれていなかった「プライベートのメモ」が選択できます。

▼ 3つのビューを切り替える

Check! ここで使われている機能

ここで使われている機能についてはChapter4で解説しますが、「プロパティ」によってページを分類し、「ビュー」毎に「フィルター」を変更して設定しています。後ほどそれぞれについて学んでいきましょう。

Section 2 04 特典のテンプレートを使ってみる：タスク管理

シンプルなタスク管理を行うテンプレートです。「今日」「カレンダー」「期限切れ」「日付未定」などを切り替えて、タスクの進捗をチェックできます。

▼特典テンプレート「タスク」の画面

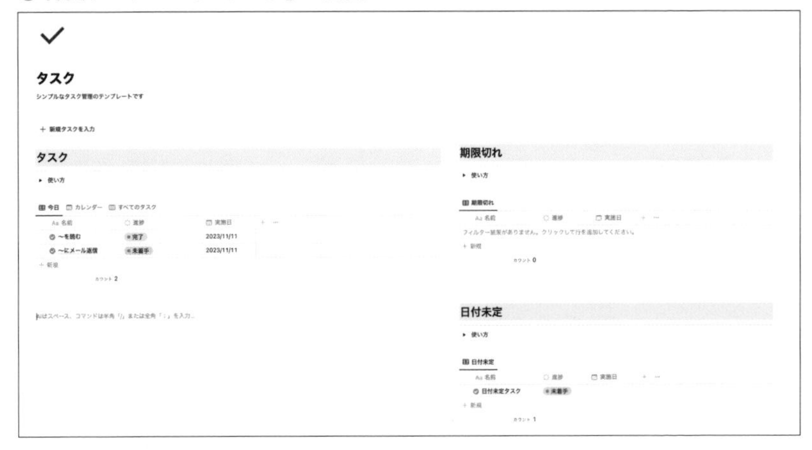

新規タスクの登録

まずタスクをデータベースに登録します。

❶「＋新規タスクを追加」ボタンをクリック（既存ページ下の「＋新規」またはデータベース右上の青いボタン「新規」からでも可能）

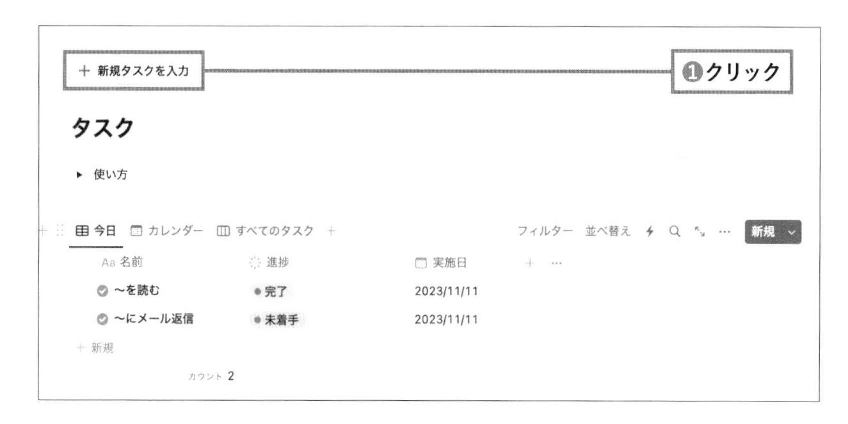

❷ データベースに情報を登録する。タイトルにはタスク名を入力。実施日には実施予定日を入力

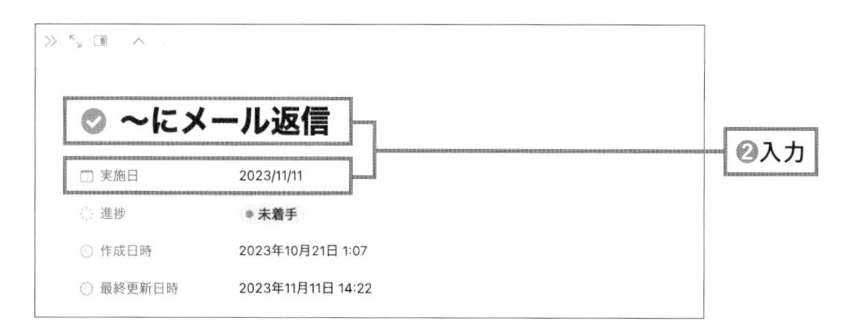

タスクの進捗チェック

日々、タスクの進捗をチェックできます。

❶「今日」には「実施日」が今日のタスクが表示される
❷ タスクが完了したら「進捗」を「完了」に変更する

❸「カレンダー」に切り替えると、予定を俯瞰して確認できる

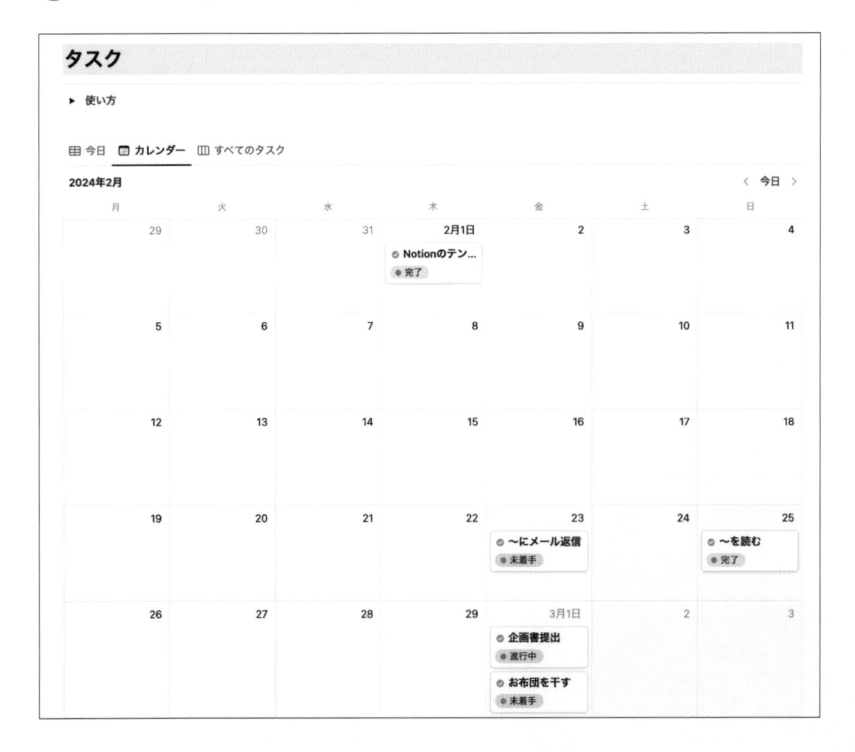

❹ 期限切れのタスクは、「期限切れ」に表示される。「今日」や「カレンダー」にドラッグ＆ドロップで移動することで、日程を再度調整できる

❺ 登録時に日付が未入力の場合は、「日付未定」に表示される

Chapter

3

ページとブロックの使い方

ページを作る

まずは、ページを作ってみましょう。

❶ サイドメニューの「新規ページ」をクリック

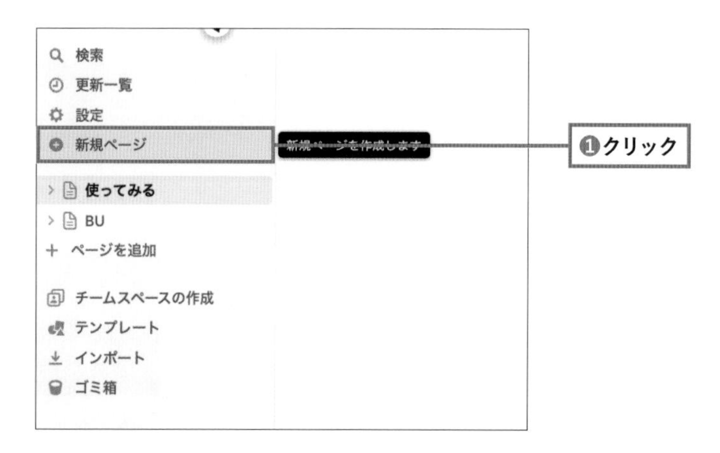

❷ 新規ページのウィンドウが表示される

❸ ページタイトルを入力。ページタイトルはサイドバーにも表示されるが、長すぎると見えづらいので、短めのわかりやすいタイトルを付ける
❹ ページ内に選択肢が表示されるが、ここでは例として「空のページ」を選択する

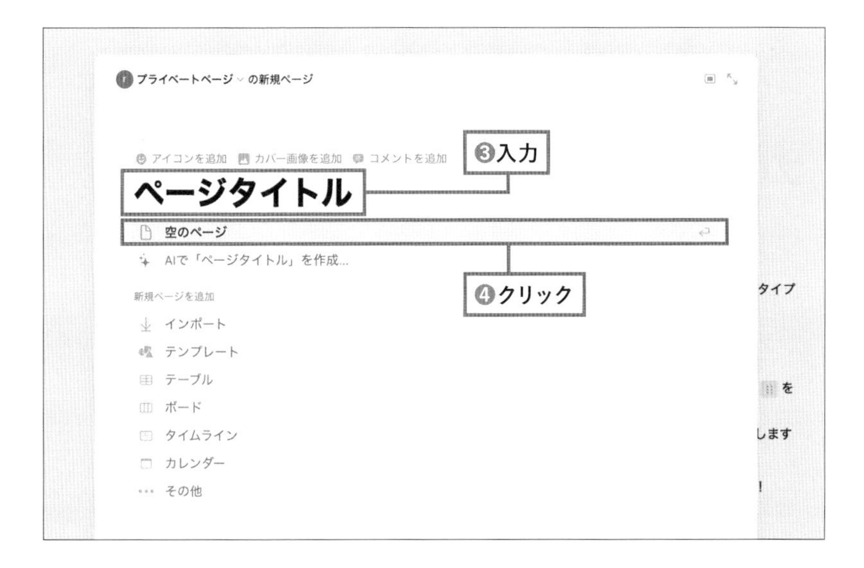

これで、新しいページが作成され、ページ内に入力ができるようになります。入力の仕方や、どのようなことができるかは次ページで解説します。

Section 3 02 ブロックの作成

ページはさまざまなブロックを組み合わせて作ります。ページ内にさまざまなコンテンツを追加していくため、ブロックの基本を押さえましょう。

ブロックとは

「空のページ」を作成すると、空の状態のブロックが表示されます。ここからテキストを書き始めることができます。

ページタイトル　共有

ページタイトル

+ ⠿ AIはスペース、コマンドは半角「/」または全角「；」を入力...

これは「テキストブロック」といいます。（画像はわかりやすいよう選択した状態にしています。）

ページタイトル

ここからテキストを書き始めることができます

ブロックの作成方法：＋アイコンまたはEnterキー

既存ブロックでEnterキーを押すか、既存ブロック左の＋アイコンをクリックすると、既存ブロックの下に新しいブロックが作成されます。

ページタイトル
ここからテキストを書き始めることができます

ページタイトル
ここからテキストを書き始めることができます
AIはスペース、コマンドは半角「/」または全角「：」を入力...

ブロックのメニュー表示

ブロック左に表示される＋アイコンをクリックするか、文中で/キーを押すと、ページコンテンツ入力のためのブロックのメニューが呼び出されます。

ブロックの種類は、ベーシックなテキストベースのブロックや、テーブル、画像、AIを利用するブロック、データベースを作るブロック、他サービスを埋め込むブロックなどたくさんの種類がありますが、最初から全部覚えなくて大丈夫です。このメニューで、ブロックの種類を確認することができます。Notionを使いながら、「こんなことできるのかな？」と思ったら、このメニューで探してみましょう。

「ブロックの種類」の節に各ブロックの解説があります。

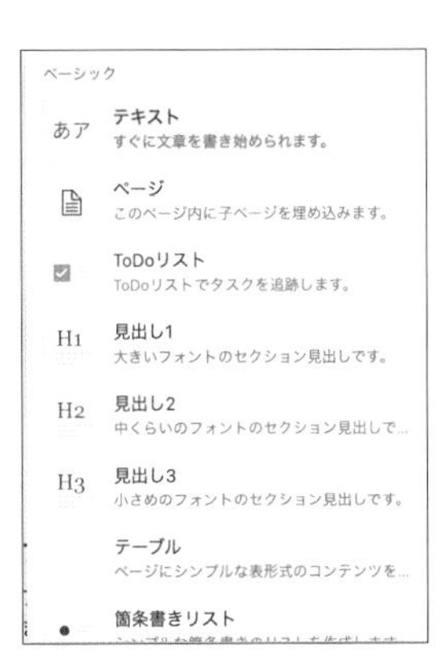

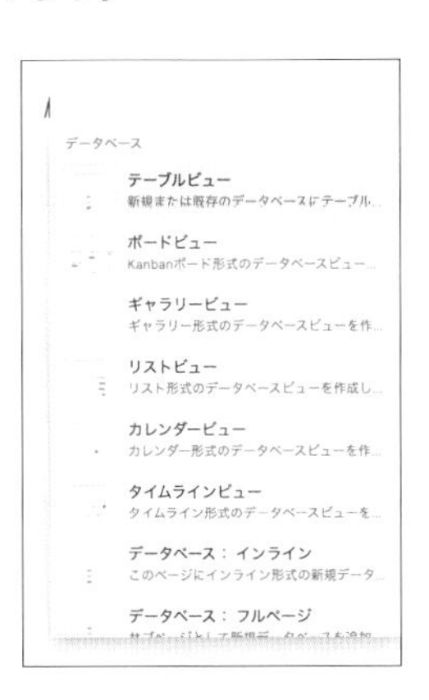

Section 3 03 Notionを編集する際に知っておきたいポイント

Notionの操作はシンプルです。各操作は後述しますが、あらかじめ4つのポイントを知っておくだけで、Notionの操作がわかりやすくなります。

ポイント1 ＋アイコン＝新規追加

先ほど「ブロックの追加」でも使った＋アイコンです。

＋ ⠿ AIはスペース、コマンドは半角「/」または全角「；」を入力…

＋アイコンは、他にもさまざまな場所で表示されています。いずれも、それぞれの項目を**新規追加する**アイコンです。

▼ さまざまな場所で表示される＋アイコン（実際はポインタがある場所のみ表示）

ポイント2 ⠿アイコン（ブロックハンドル）＝アクション

ブロックにポインタを置くと、左側に表示される⠿アイコンは、クリックすると選択したブロックに対して**実行できるアクション**が表示されます。

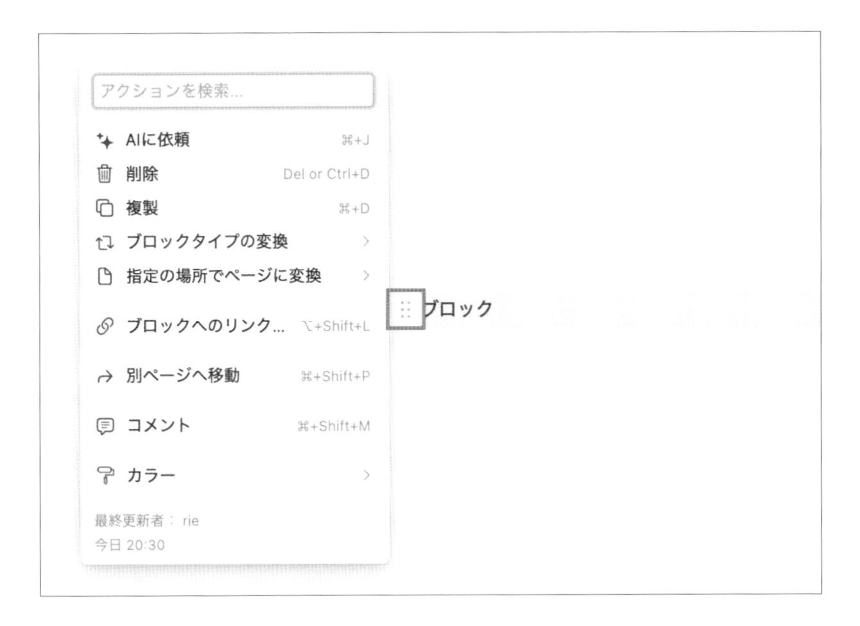

⠿アイコンは「ブロックハンドル」とも呼ばれ、**ブロックをドラッグ&ドロップして移動するためのハンドル**としても頻繁に使用します。

ポイント3 / または ; コマンド=万能ショートカット

ブロック内で / (半角スラッシュ) または ; (全角セミコロン) キーを入力して使用します。(; は日本語入力でも使いやすいように追加された機能です!)

基本的に + や ⠿ と同じ機能を持つ万能なショートカットです。よく使う項目は名称を覚えておき、Enter キーで選択すると、マウスを使わなくて良いので、編集が格段に速くなります。

例えば、以下のような操作ができます。

- 「/image」で画像挿入 (「;画像」でも可)
- 「/page」で子ページ作成 (「;ページ」でも可)
- 「/red」でブロックの文字色変更 (「;赤」でも可)
- 「/move」でブロックを別ページへ移動 (「;移動」でも可)

ポイント4 … アイコン＝設定など

…アイコンは、その項目に対しての設定などが可能です。何か設定を変えたい場合は、…アイコンをクリックして確認してみましょう。

▼さまざまな場所で表示される…アイコン（実際はポインタがある場所のみ表示）

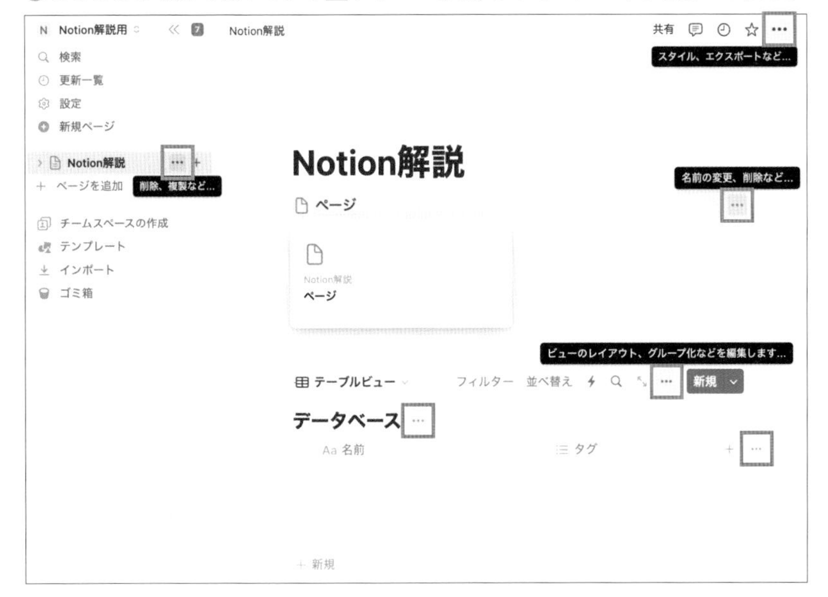

Section 3 04

ブロックの選択

Notionはブロック単位で移動や編集を行うことがよくあります。その際に、まずブロックを選択をする必要があります。

1つのブロックを選択

まずは1つのブロックを選択してみましょう。

❶ ブロックにカーソルがある状態で[Esc]キーを押す（ブロック左横に表示される⠿アイコンをクリックでも可）

ページタイトル
1ブロックの選択＝ Esc
❶カーソルがある状態で [Esc] キー入力

❷ ブロックに背景色が付き、選択された状態になる

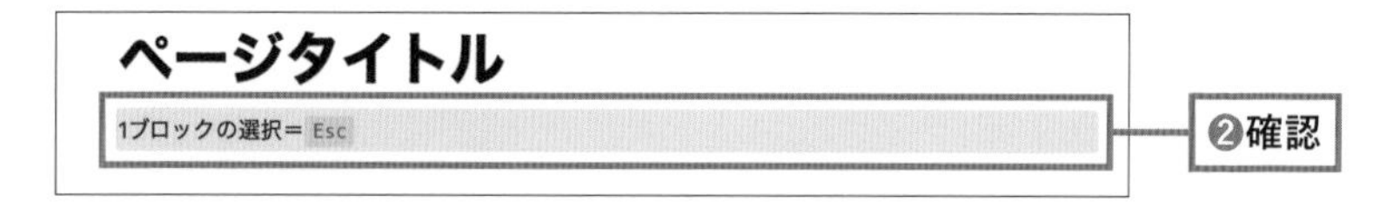

Check! 選択の解除

選択状態を解除するには、もう一度[Esc]キーを押すか、他の場所をクリックしましょう。

複数のブロックを選択

次に、複数のブロック選択してみましょう。

❶ ページ左右の余白からドラッグする
❷ ブロックが複数選択され、背景色が変わる

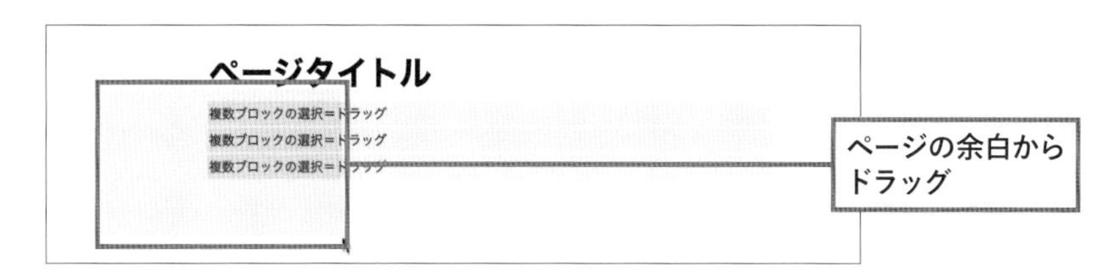

Check! ブロックは一括で操作できる

このように一括選択することによって、この後解説する移動・削除・複製などのアクションが複数のブロックに対して可能となります。

ブロック選択とブロック内テキスト選択の違い

選択時の注意点として、「ブロックの選択」と、「ブロック内テキストの選択」というパターンがあります。

「ブロックの選択」はブロック単位の移動・削除・複製などに使い、「ブロック内テキストの選択」はテキスト自体の装飾などに使います。

ブロックの選択をした場合

ページタイトル

ブロック選択

ブロック内選択

ブロック内テキストを選択した場合

ページタイトル

AIに依頼 テキスト リンク コメント B i U S <> √x A @ ···

ブロック内選択

ブロックの移動

ブロックは、ワークスペースのページ内・ページ間で、ドラッグ&ドロップを使って自由自在に移動することができます。

ページ内で移動

移動には、⠿アイコン（ブロックハンドル）を使います。

❶ ブロック左に表示される⠿アイコン（ブロックハンドル）を使い、動かしたい場所にドラッグ

❷ ドロップできる場所には青いガイド線が表示される。ドロップすると移動が完了

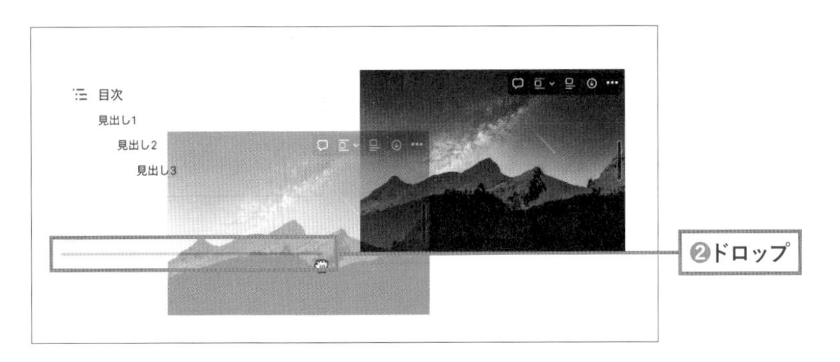

ページをまたいで移動

ブロックは、別のページに移動することもできます。後から構成を変えたくなった時も、簡単に移動することができます。

❶ ブロックを他のページに移動したい場合は、サイドバーに表示されているページタイトルにブロックをドラッグ&ドロップ
❷ 移動先ページの一番下に追加される

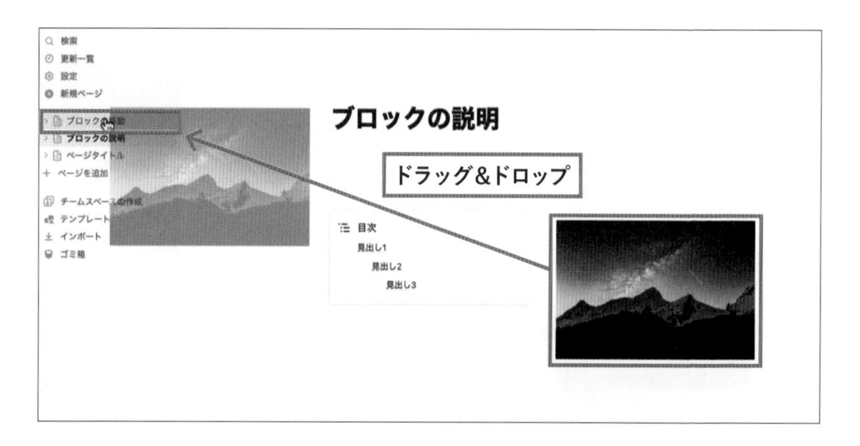

❸ ⁝⁝ アイコンをクリックして表示されるメニューから「別ページへ移動」を選択して移動することも可能

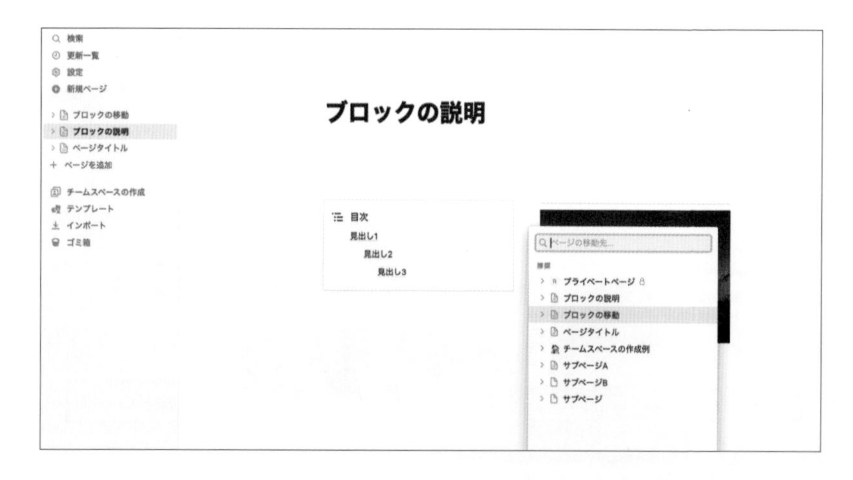

Section 3 06 ブロックの削除・複製

ブロックの削除・複製をしたい場合は、ブロックの左側に表示される⠿アイコンを使用するか、指定のキー操作を行いましょう。

ブロックの削除

削除したいブロックの⠿アイコンをクリックして表示されるメニューから「削除」をクリックすると削除されます。

または、ブロックが選択された状態でDeleteキーを押すと削除できます。

ブロックの複製

複製したいブロックの⠿アイコンをクリックして表示されるメニューから「複製」をクリックすると複製されます。

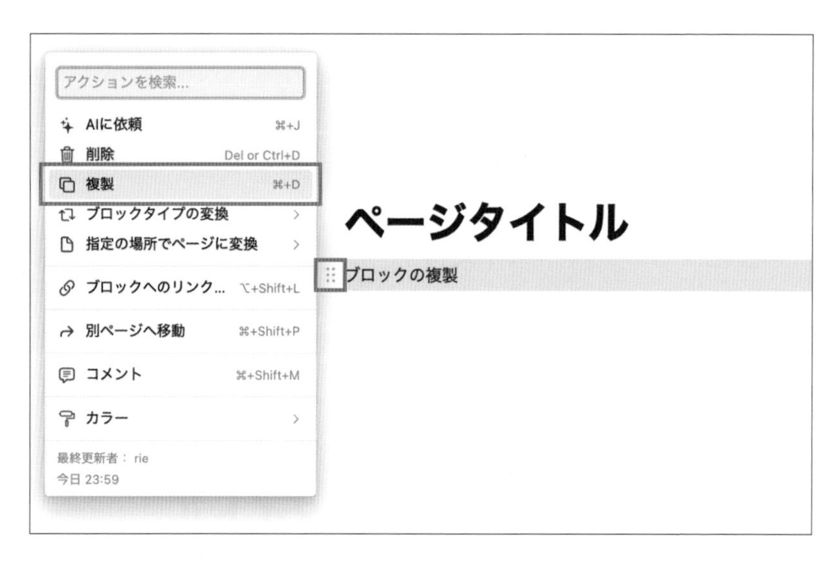

下の画像が、複製が完了した状態です。

または、ブロックが選択された状態で、Ctrl（Mac OSの場合はCommand）＋Dキーを押下すると複製できます。

Section 3 07

ブロックタイプの変換

既存のブロックに対して、後から他の種類のブロックに変換することができます。2種類の方法があるので、それぞれ解説します。

アイコンを使う方法

ブロックの左側に表示されるアイコンを使います。

「ブロックタイプの変換」で表示されるブロック一覧

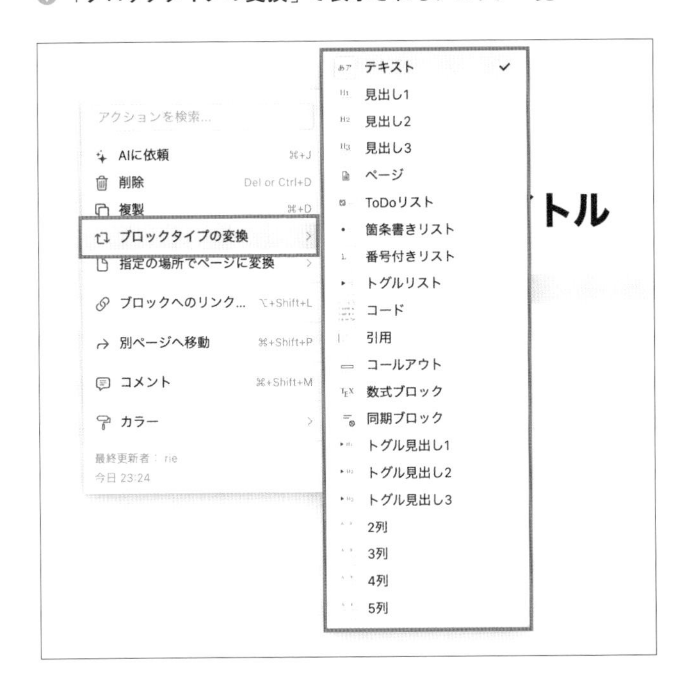

ここでは、テキストをTodoリストに変えてみましょう。

❶ ブロックにテキストを入力し、⠿アイコンをクリック（ここでは複数ブロックを選択状態にして⠿アイコンをクリックした）

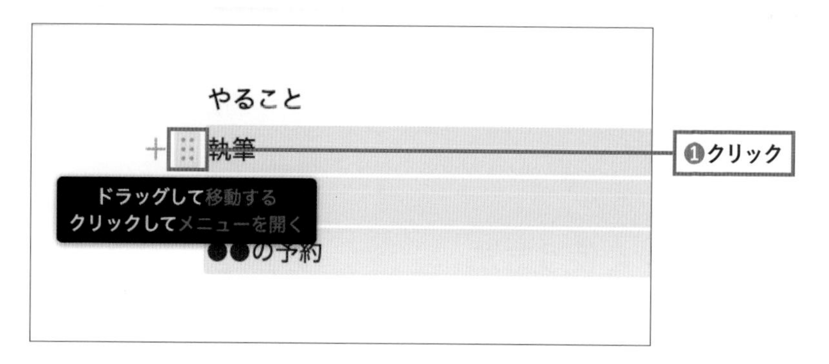

❷ 表示されるメニューから「ブロックタイプの変換」をクリック
❸ さらに表示されるメニューから「ToDoリスト」をクリック

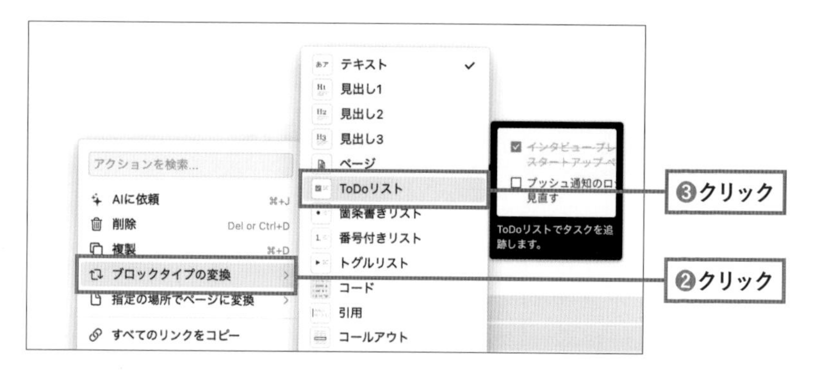

❹ プレーンテキスト（標準テキスト）が、Todoリストに変換される

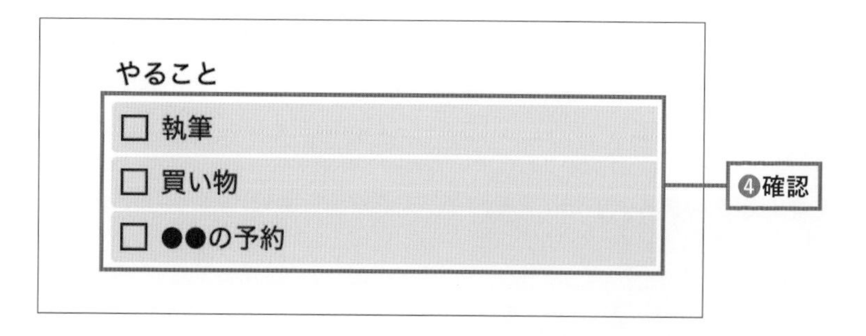

書式設定メニューを使う方法

ブロックタイプの変換は、ブロック内の文字を選択すると表示される「書式設定メニュー」からでも可能です。

❶ ブロックタイプを変換したいブロック内テキストを選択
❷ 表示された書式編集メニューから、現在のブロックの種類をクリック（ここでは「テキスト」をクリックした）
❸「ブロックタイプの変換」メニューから、変換したいブロックの種類をクリック（ここでは「見出し1」をクリックした）

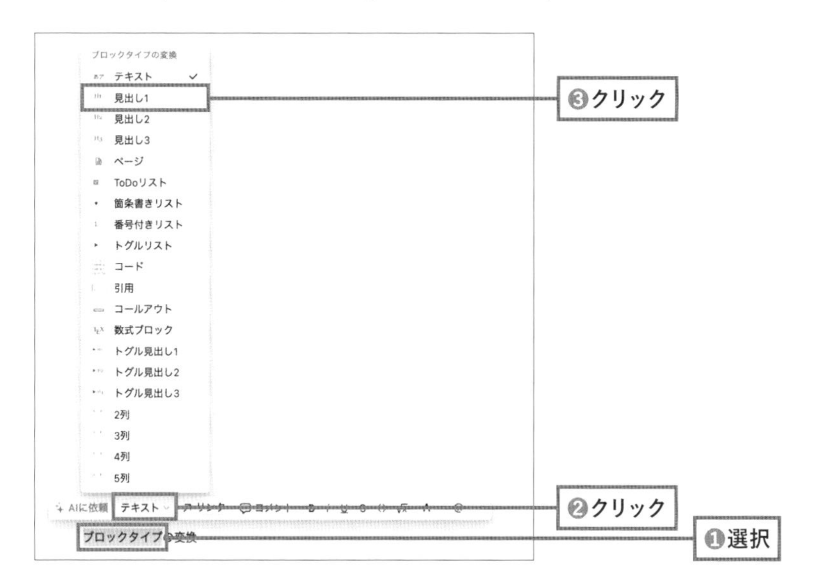

❹「テキスト」から「見出し1」に変換される

Section 3 08 ブロックの複数列表示

ブロックは複数列で表示することができます。ページの幅いっぱいまで制限なく列を作成することができます。2種類の方法があります。

/ コマンドを使う方法

あらかじめ複数列でレイアウトすることが決まっている場合は、/（スラッシュ）コマンドを使用します。

❶ 空のブロックに「/2column」または「；2列」と入力
❷「2列」が表示されるのでクリック

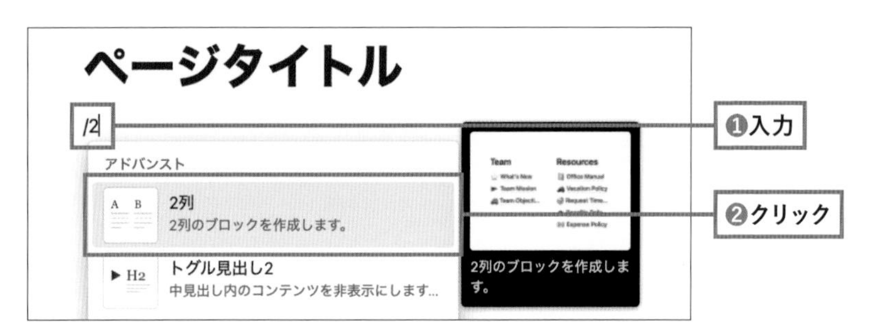

❸ 2列のブロックが作成される（下の画像はわかりやすくするために、作成された2つのブロックにテキストを追加し、ブロックを選択している状態）

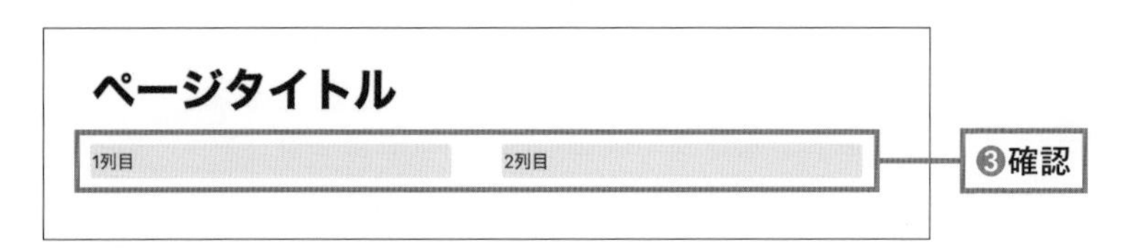

/ コマンドでは2列〜5列を選択できます。

⋮⋮アイコン（ブロックハンドル）を使う方法

作成済のブロックを複数列表示に変更したい場合はこの方法を使いましょう。

❶ 移動したいブロックの⋮⋮アイコンを長押ししながらドラッグ
❷ 既存ブロックの右端など、青いガイド線が出るところにドロップ

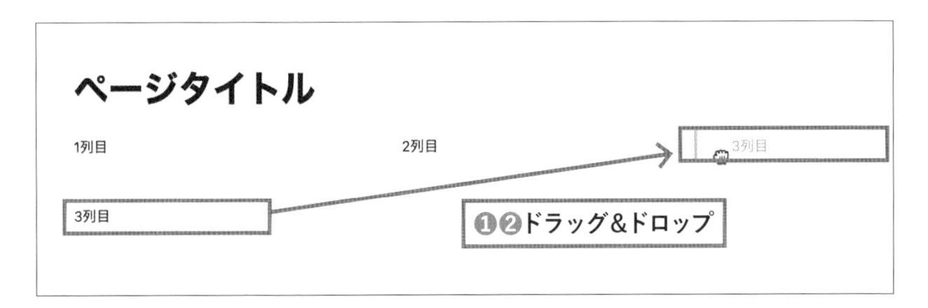

❸ ブロックが移動し、列が追加された

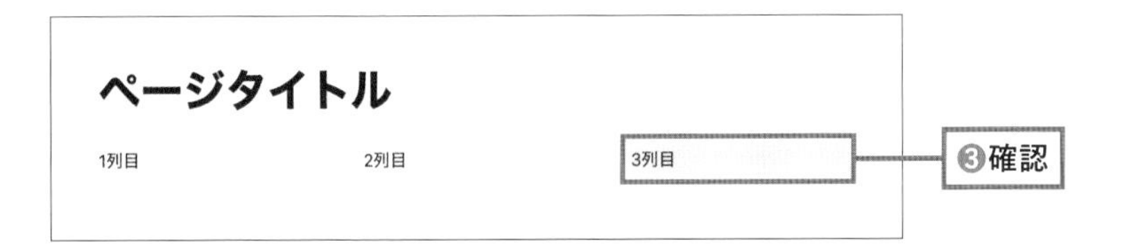

Check! 列は5列以上作成できる

/コマンドでは5列までのメニューしかありませんが、横幅いっぱいまで列を足すことができます。

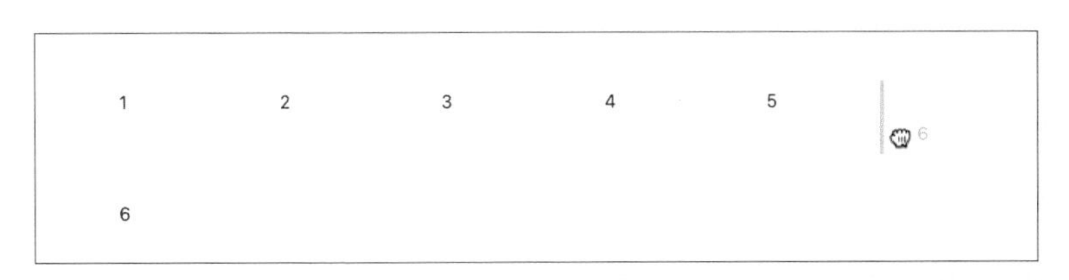

複数列ブロックの横幅を変更

複数列レイアウトの横幅は、列の間に表示されるガイド線をドラッグすることで変えることができます。

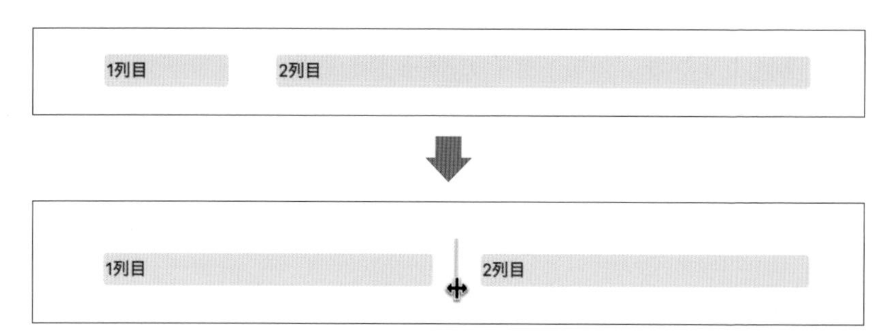

モバイルアプリは1列表示

PCで複数列に設定しても、モバイルアプリでは1列で表示されます。表示順などの注意点はP.258「スマホからいつでもどこでもNotion」で解説します。

Section 3 09

ブロックの階層化

ブロックは階層化（インデント）することができます。例として、箇条書きのテキストを階層化してみましょう。

▼１階層のみ

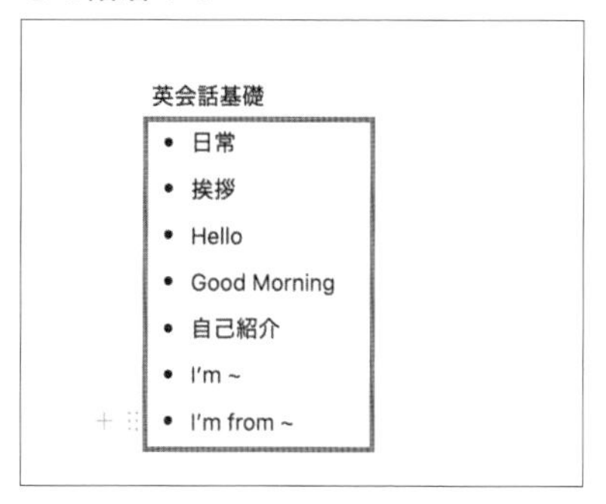

▼インデントを付け階層化できる

階層化する方法は2つあります。

Tab キーを使う方法

❶ 階層化させたいブロックにカーソルがある状態、または Esc キーでブロックを選択した状態で Tab キーを押すと、階層化される

❷ 階層化前に戻したい時は、Tab + Shift キーを押す

⠿アイコンを使う方法

❶ 階層化させたいブロックの⠿アイコンを長押ししながら、移動先のブロックの下にドラッグする
❷ 青いガイド線が出たらドロップする

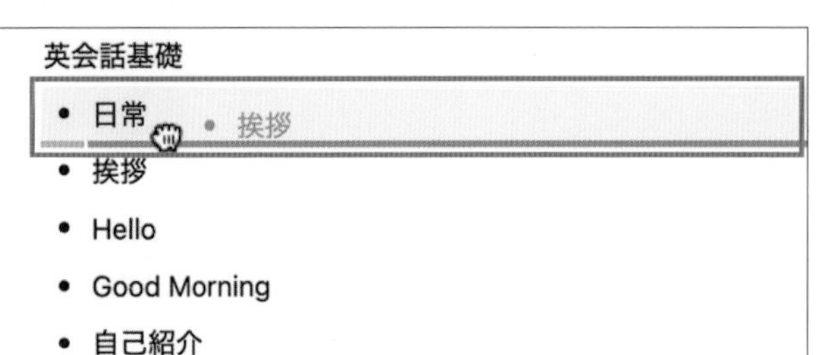

上の画像は、「挨拶」を「日常」の下の階層に移動させているところです。

移動の際に確認したいのが、青いガイド線です。

薄い青と濃い青のガイド線に分かれていますが、ここでは濃い青のガイド線に沿ってドロップすると階層化されます。

Section 3 10

ブロックの文字色または背景色の変更

文字色や背景色を変更することで、ページ内で目立たせることができます。テキスト、ファイル、Webブックマークなどの特定の種類のブロックで可能です。

❶ 文字色または背景色を変更したいブロックの⠿アイコンをクリック

❷ 表示されたメニューからカラーをクリック
❸ さらに表示されたメニューからカラー（文字色）または背景色を選択

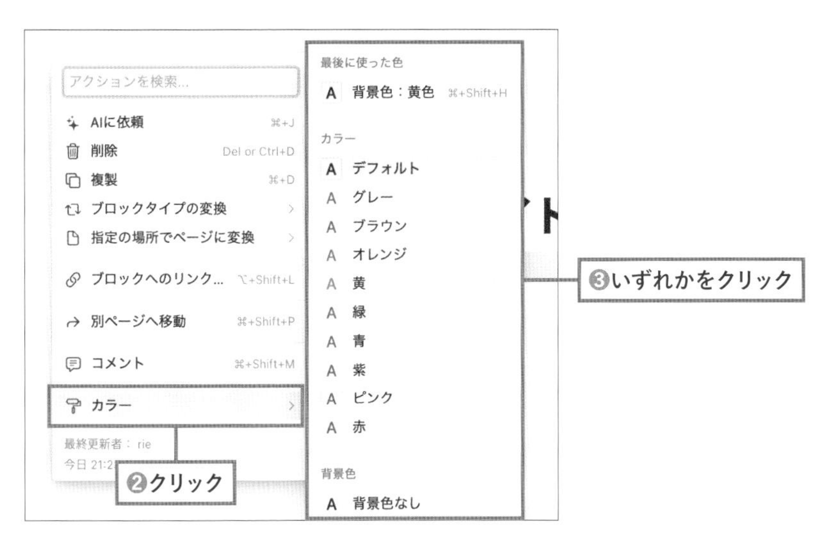

❹ 下の画像のように表示される（左下の画像は文字色を赤に、右下の画像は背景色を赤に変更した）

ページタイトル 文字色の変更	ページタイトル 背景色の変更

「ブロック単位」では、背景色か文字色いずれかしか変更できませんが、この後に説明する「ブロック内テキストの色変更」と併用することが可能です。

Check! トグルリスト下に入れると背景色が付く

背景色の変更は基本的には特定の種類のブロックのみ可能ですが、ブロックの「トグルリスト」下に入れると背景色を付けることができます。

「式ブロック」「インライン式」を使うと、もっとたくさんの色を表現することもできます。特典で紹介します。

ブロック内テキストの装飾

ブロック内のテキストは、色変更をしたり、太字などの装飾をすることができます。

文字色と背景色の変更

さきほどはブロック全体の文字色と背景色を変更しました。今回はブロック内テキストの一部に対して色変更する方法です。

❶ 変更したい文字を選択
❷ 書式設定メニューが表示されるので、A をクリック

❸ 文字色または背景色を選択

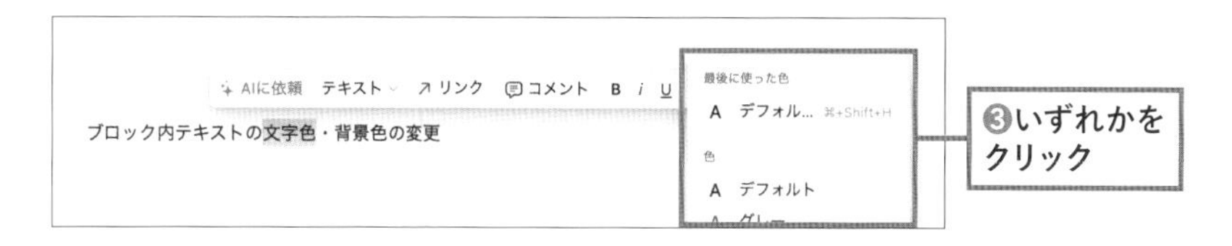

❹ 下の画像のように変更される(ここではそれぞれ文字色を赤に、背景色を赤に変更した)

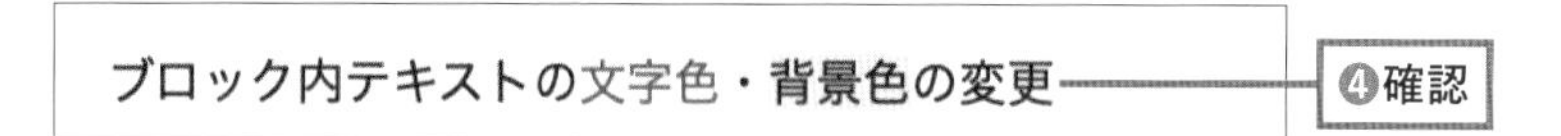

Check! **背景色変更と文字色変更の併用**

前に解説した「ブロックの背景色変更」と併用すると、下の画像のように変更できます。

ブロックの背景色変更と、ブロック内テキストの文字色変更

太字・斜体・下線など

ブロック内テキストは、文字色と背景色以外の装飾も可能です。

ブロック内のテキストを選択すると、書式設定メニューが表示されるので、任意のボタンをクリックします。

AIに依頼　テキスト　リンク　コメント　B　i　U　S　<>　√x　A　@　…

- B　**太字**
- i　*斜体*
- U　下線
- S　~~取り消し線~~
- <>　`コード`としてマーク
- √x　式を作成する　$y = ax + b$

Section 3-12 リンク機能

既存のNotionページへのリンクや、Notion以外のページへのリンク、ブロックへのリンクが作成できます。

文中にNotionページへのリンクを作成

既存のNotionページへのリンクを作成します。

▼既存のNotionページへのリンク

ページタイトル

ブロックの説明

ページへのリンクは、@コマンドを使います。@コマンドは、メンション機能の役割を担っています。(メンションとは、言及・参照などの意味です。)

Check! リンク作成のショートカット

既存のNotionページへのリンク作成は[+[キーまたは/mention(ページをメンション)でも可能です。

Check! 単純に「@」を入力したい場合の注意

@を押すと、@コマンドが作動します。ページ上で単純に@マークを入力したい場合は、Escキーで@コマンドを解除する必要があります。

❶ ブロック内で@キーを押すと、メニューが表示される（文中でリンクを作成する場合は、@の前にスペースが必要）
❷ リンクしたいページ名を入力・検索すると、「ページにリンクする」の項目にサジェストされる
❸ リンクしたいページを選択する

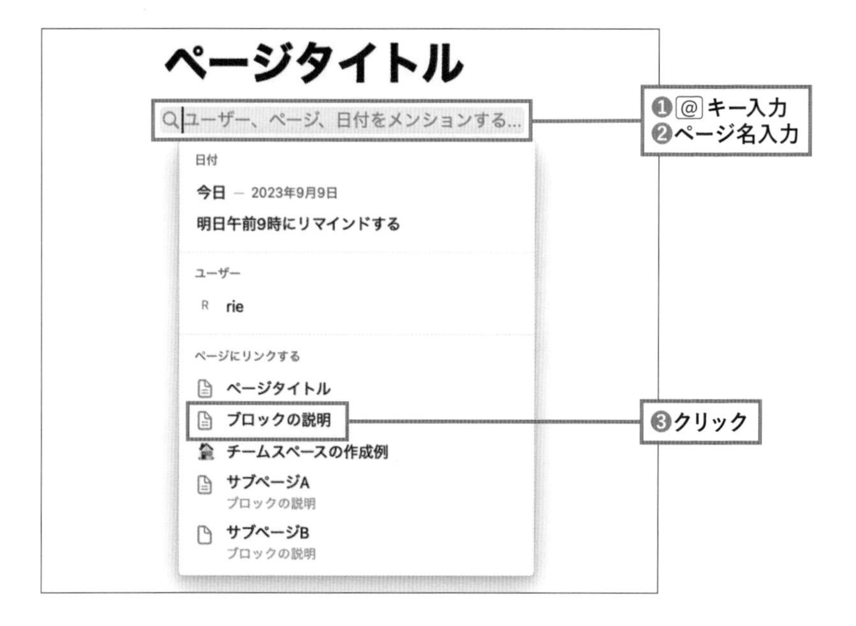

❹ ページタイトルとアイコンが付いたリンクが作成される

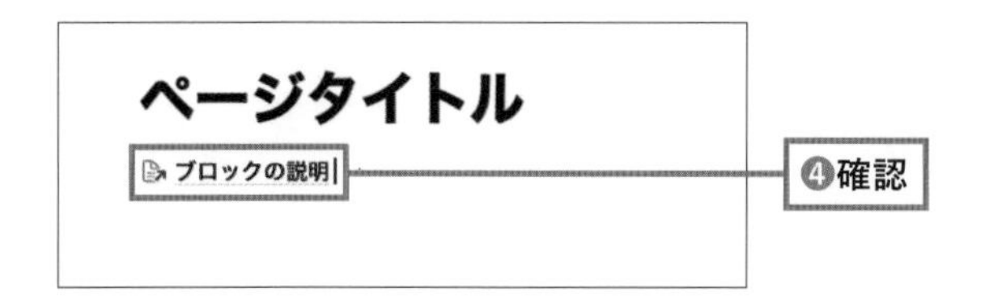

元のページ名を変更したときは、このリンク名も自動的に変更されます。

テキストにリンクを追加

テキスト自体にNotionページや外部サイトへのリンクを追加する方法です。

▼ テキストにリンクを追加する

Notionページへのリンク

❶ リンクを貼りたいテキストを選択
❷ 書式設定メニューが表示されるので ↗リンク をクリック

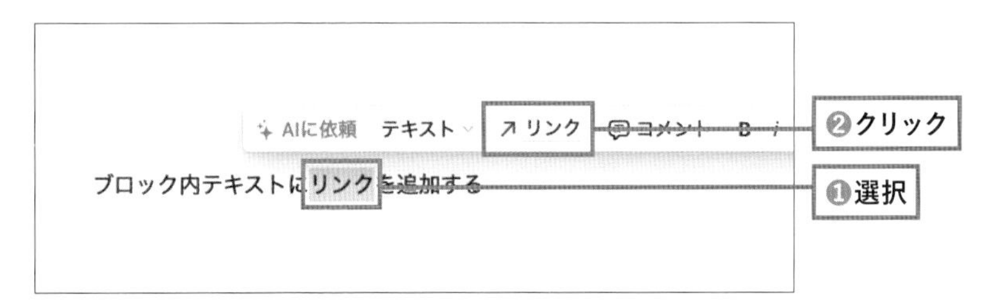

❸ 下の画像のようなウィンドウが表示される

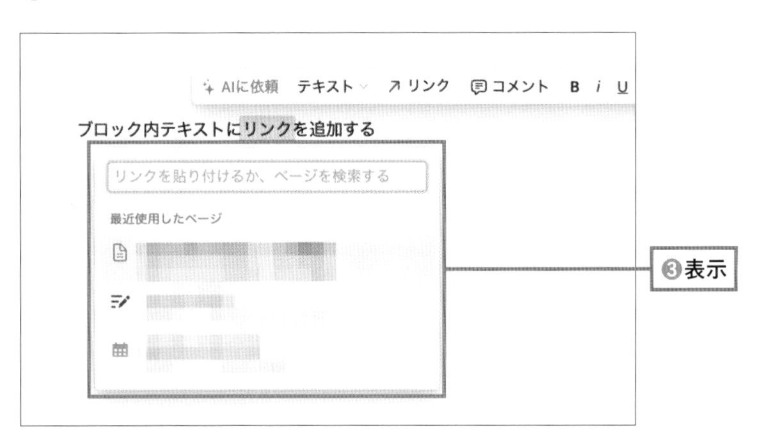

❹ ページを検索するため、リンクさせたいNotionの既存ページタイトルをテキストボックスに入力
❺ 検索結果が表示されるので該当のページタイトルを選択

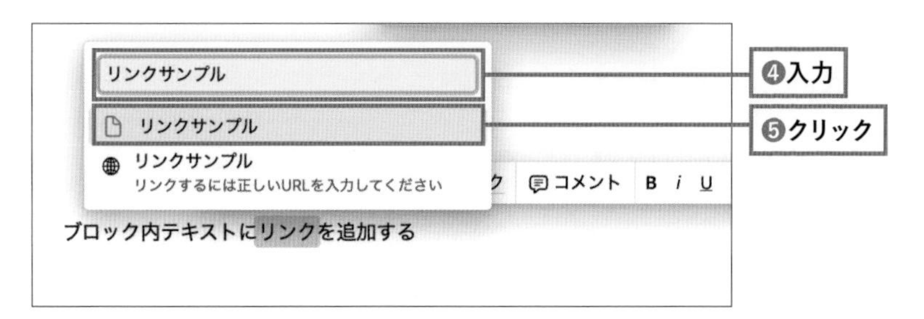

❻ 下の画像のように❶で選択したテキストにリンクが作成される

外部ページへのリンク

❶ 先ほどの「Notionページへのリンク」の❶～❸まで同じ。❸の画面で、外部サイトのURLをテキストボックスにペーストする
❷「ウェブページにリンクする」をクリック

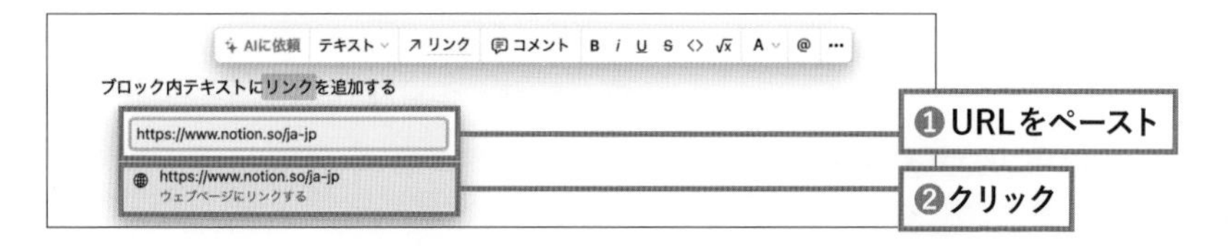

❸ 下の画像のように選択したテキストにリンクが作成される

外部リンクの表示形式

外部サイトのURLをNotionのページにペーストする際、ブロックとしていくつかの表示形式が選択できます。

❶ 外部ページのURLをコピーしておき、Notionのページにペーストする。下の画像のように、選択できるリンク形式が表示される（URLによってメニュー表記が異なる場合がある）
❷ メニューからいずれかを選択

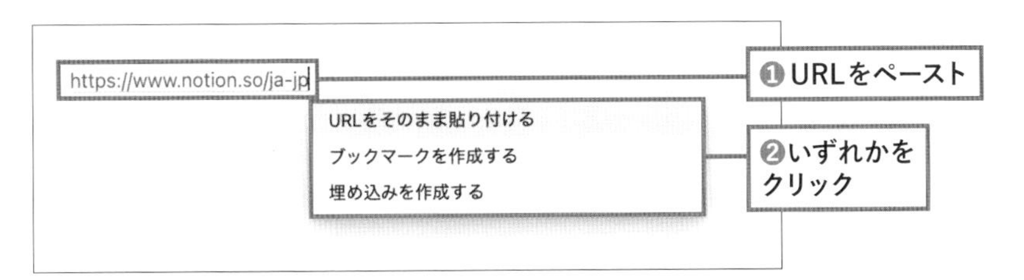

URLをそのまま貼り付ける

テキストベースのURLが表示されます。

https://www.notion.so/ja-jp

ブックマークを作成する

リンクカードが表示されます。

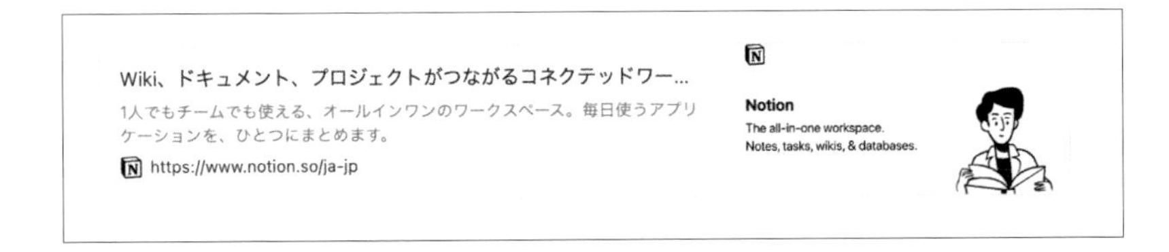

埋め込みを作成する

例えばGoogleマップ、Googleドキュメント、Instagram、Spotifyなどはプレビューが表示されます。

（例：Google Mapの共有URLをペーストし、「埋め込みを作成する」を選択すると、プレビューが下の画像のように表示される）

ブロック右上の矢印アイコンをクリックすると、リンク先が開きます。

（プレビューが表示できない場合は、「ブックマークを作成する」と同様、リンクカードが表示されます）

ブロックへのリンク

Notionは各ブロック単位でURLがあるので、ブロックに対するリンクも作成することができます。1クリックで任意のブロックまでジャンプすることができます。

❶ リンク先となるブロックの左に表示される⠿アイコンをクリック

❷ 表示されたメニューから「ブロックへのリンク」をクリック

❸ ❷で取得したURLを任意の場所にペーストする
❹ リンクの表示形式が表示されるのでいずれかを選択

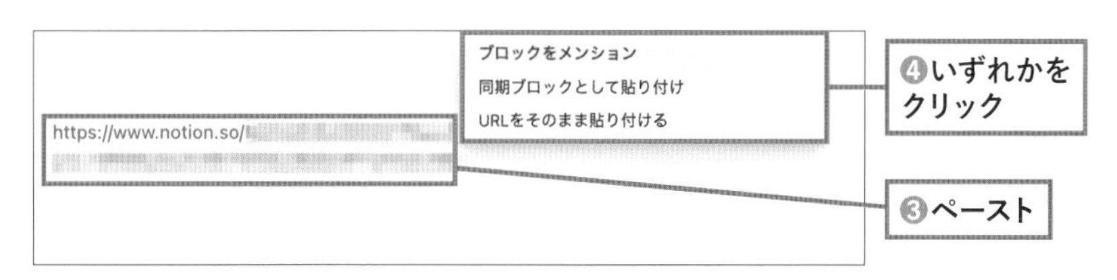

■ ブロックをメンション

下の画像の、1行目がオリジナルのブロック、2行目がジャンプするために作成されたリンクです。リンクには、アイコンと下線が付きます。例えば、ページ全体が長くスクロールするのに時間がかかる場合などに使用できます。

ページタイトル

ブロックへのリンク

¶ ブロックへのリンク

■ URLをそのまま貼り付ける

下の画像のように、URLがすべて表示された状態でリンクが作成されます。

ページタイトル

ブロックへのリンク

https://www.notion.so/b

■ 同期ブロックとして貼り付け

同期ブロックについては、別途解説します。

コメントを追加する

Notionにはコメント機能があります。ページコンテンツやページに対してコメントを入れ、他のユーザーと一緒に確認しながら作業することができます。

コメントを追加するには、3つの方法があります。

3

ブロック内の一部のテキストにコメントを追加する

ブロックに書いたテキストの一部分にコメントを追加する方法です。

❶ ブロック内の一部のテキストを選択すると、書式設定メニューが表示される
❷ メニューから「コメント」をクリック

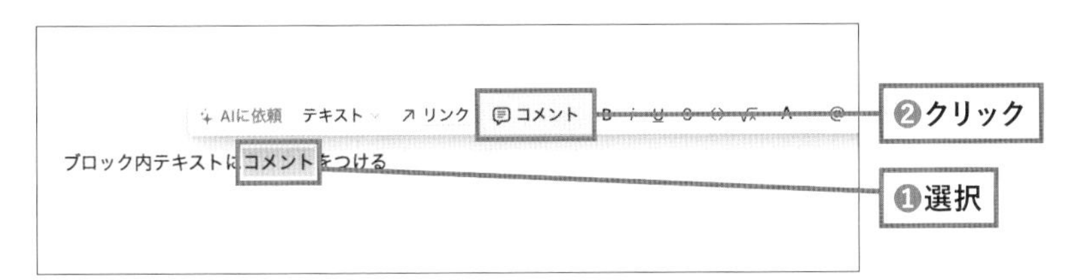

❸「コメントを追加」というウィンドウが表示されるので、コメントを入力する
❹ コメントを書き終えたら、アイコン（決定ボタン）をクリックするか、Enterキーを押してコメントを確定させる

Check! コメントのウィンドウに表示されるアイコン

・**アイコン**
ファイルを添付できます。

・**@アイコン**
@ユーザー：コメントを通知したいユーザーを選択
@ページ：既存のNotionページへのリンク
@日付：日付のリマインダー

ブロックにコメントを追加する

ブロック単位でのコメントを追加する方法です。

❶ コメントを追加したいブロックの左側にある⠿アイコンをクリック
❷ 表示されるメニューから「コメント」をクリック

ページにコメントを追加する

ページ全体へのコメントを追加する方法です。

❶ ページ上部にポインタを置くと表示される「コメントを追加」をクリック

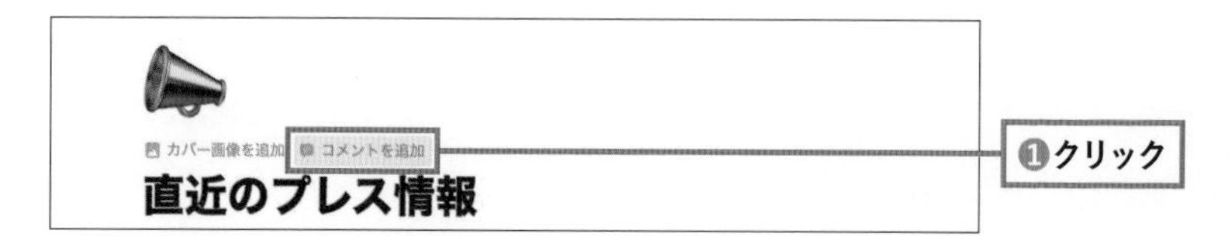

ページの書式設定・装飾

ページの視認性を良くするために、ページを装飾していきましょう。

アイコンを追加する

ページにアイコンをつけて、どんなページなのか分かりやすくします。サイドバーや、スマホアプリのウィジェットにも表示されます。

❶ ページ上部にポインタを置くと表示される「アイコンを追加」をクリック

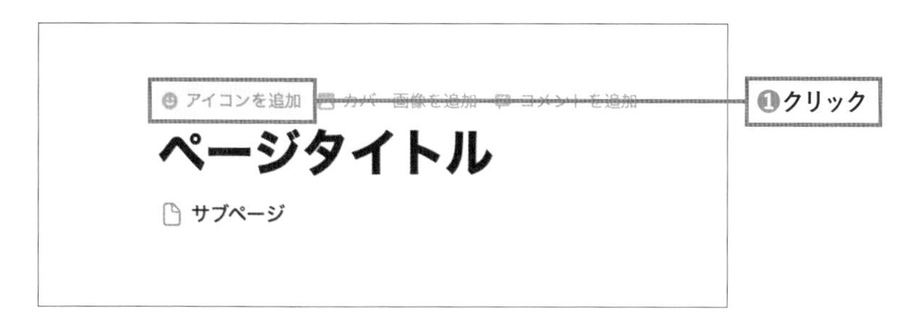

❷ 自動的にアイコンが追加されるので、変更したい場合、追加されたアイコンをクリック
❸ アイコンを選択するウィンドウが表示されるので、絵文字・アイコン・カスタムのいずれかを選択

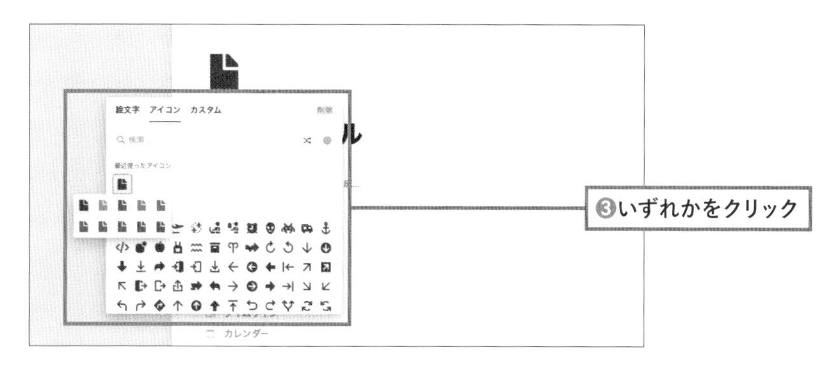

「アイコン」はカラー選択が可能です。設定したいアイコンをクリックすると、❸の画像のようにカラーの選択肢が表示されるので、好きな色を選びましょう。

表示する色を固定したい場合は、右上のパレットをクリック、「毎回選択」をオフにして、固定する色を選択します。

「カスタム」は任意のファイルをアップロードできます。アイコン配布サイトなどで入手した画像などを設定することが可能です。

カバー画像を追加する

ページの上部にカバー画像を設定することができます。

❶ ページ上部にポインタを置くと表示される「カバー画像を追加」をクリック

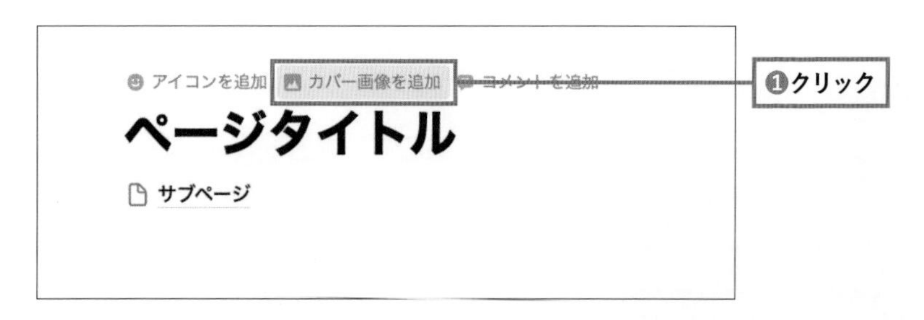

❷ 自動的にカバー画像が追加される。カバー画像の上にポインタを置くと表示される「カバー画像を変更」をクリック

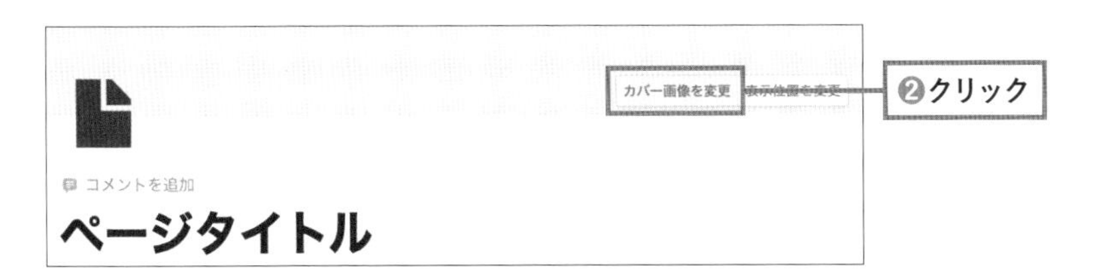

❸「アップロード」「URLリンク」から任意の画像ファイルをアップロードするか、「Unsplash」「ギャラリー」から好きな画像を探してクリック

❹「表示位置を変更」をクリック。位置を調整し、「表示位置を確定」をクリック

ページ全体のフォントや余白を変更する

ページに対して、フォントスタイル、フォントサイズ、左右の余白について選択が可能です。

❶ ページ右上の…アイコンをクリック
❷ 下の画像のようなメニューが表示されるので、変更したい内容を選択

「スタイル」でフォントの種類を変更することができます。「デフォルト」が標準で設定されているフォントです。他に「Serif」「Mono」を設定できます。

「フォントを縮小」を「オン」に切り替えると、フォントが小さくなります。

「左右の余白を縮小」を「オン」に切り替えると、余白が狭くなります。

これらの設定は、ページ単体を対象としたものです。ワークスペース単位での一括設定はできません。

（データベース内のページの場合は、「データベーステンプレート」で設定し、デフォルトにすることも可能です）

「式ブロック」「インライン式」を使うと、さまざまなフォントサイズやフォントスタイルを表現することもできます。特典で紹介します。

Section 3 15 ページの階層化

「ページ」の中にさらに「ページ」を作って階層化することができます。

ページの中のページは、「サブページ」「子ページ」と呼ばれます。

ユーザーの使い方で多いのは、「ホーム」となるページを1つ作成し、その中にサブページを置くという方法です。詳しくはChapter5「ホーム画面を作る」で解説します(P.256)。

階層化は無限にできますが、階層が深くなってしまうとアクセスしづらくなるので注意しましょう。

サブページの作り方は簡単です。

❶ / または ; キーを入力すると、メニューが表示される

❷ メニューから「ページ」を選択

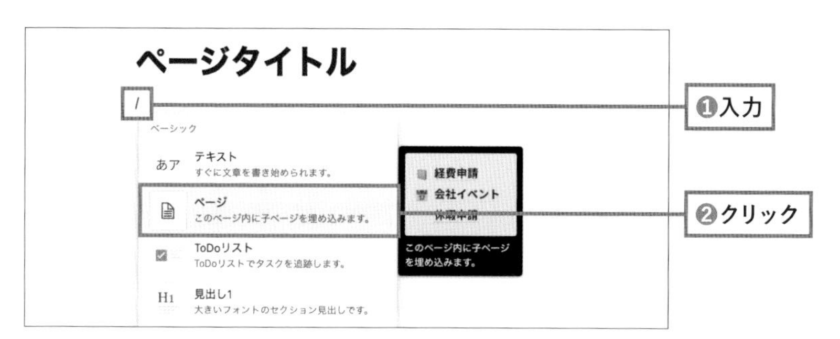

Check! / (スラッシュ) コマンドで素早く入力

「/page」または「;ページ」と入力するとサジェストが表示され、素早く選択できます。

❸ サブページが作成され、開く
❹ サブページのタイトルを入力

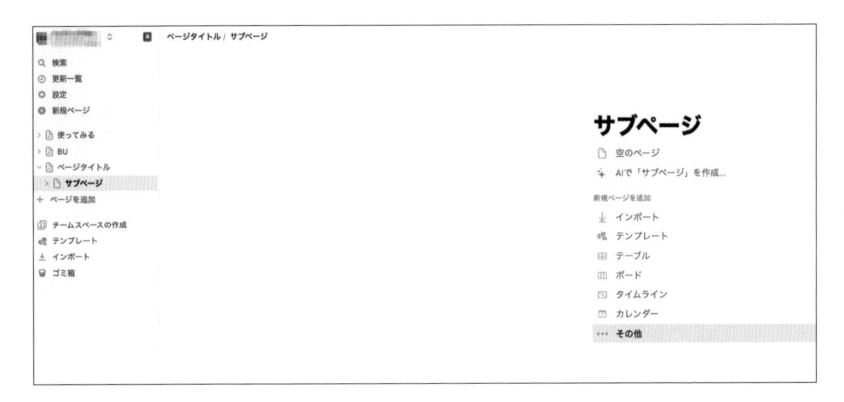

❺ 最初のページに、「サブページ」が紐づけられ、ページが階層化された。サイドバーとトップバーでも、階層下に入っていることが確認できる

　ページの階層が深くなってしまう場合、探しづらい場合は、Chapter4「Wiki」の利用も併せて検討しましょう。
　また、大量にある同じようなページを分類する場合については、サブページとして分類するよりも、「データベース」の利用が適しています。

ページの移動

「ページ」は、他のページの中に移動したり、表示順を変えたりと、自由自在に移動できます。

サイドバーで移動する方法

ここでは例として、ページ「ミーティング」を、ページ「Wiki」内に移動します。

❶ ページ「ミーティング」を長押ししながらドラッグし、ページ「Wiki」のタイトル上にドロップ

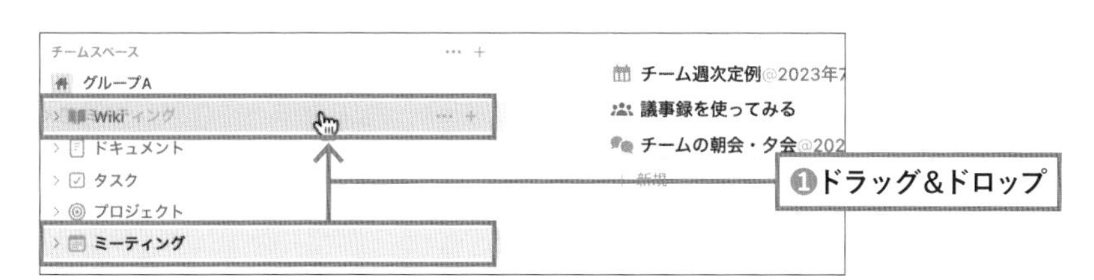

❷ ページ「Wiki」内にページ「ミーティング」が移動され、階層化に入った

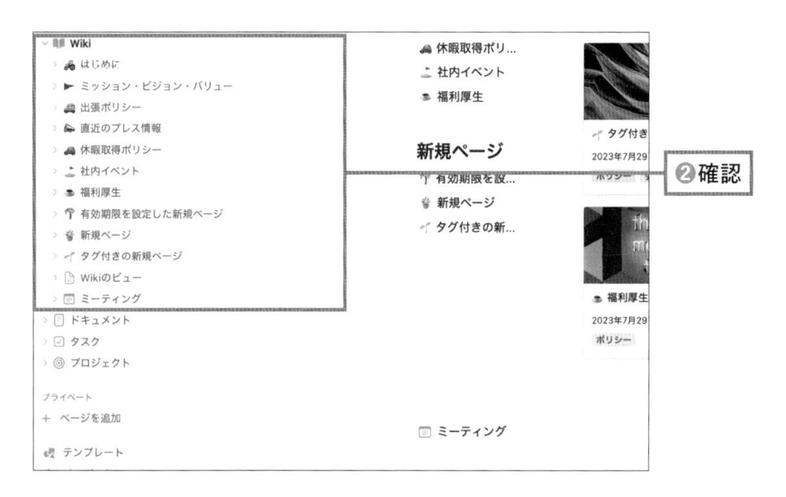

Check! ページの表示順を並び替える場合

今回はページの中にサブページとして移動しましたが、単純にページの表示順を並べ替える場合は、ページとページの間にドロップします。その際、青いガイド線が表示されます。

ページ画面から移動先を選択する方法

ページの設定画面から移動先を選択することもできます。

❶ ページ右上の アイコンをクリックし、「別ページへ移動」をクリック
❷ 移動先のページを選択する

ページの複製・削除

ページの複製や削除の方法を解説します。

ページの複製：サイドバーで複製する方法

❶ サイドバーで、複製したいページタイトルにポインタを置くと表示される…アイコンをクリック

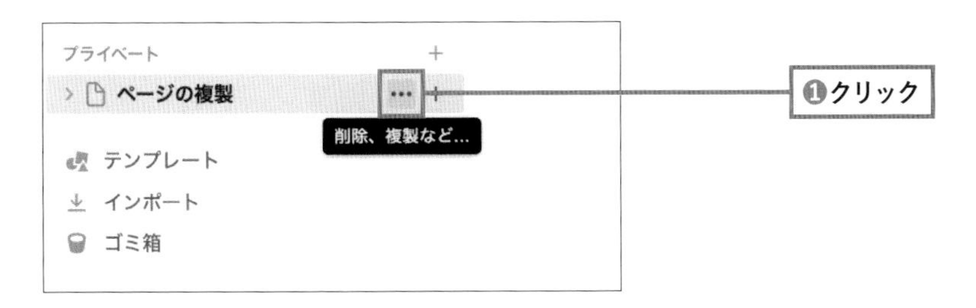

❷ 表示されたメニューから「複製」をクリック

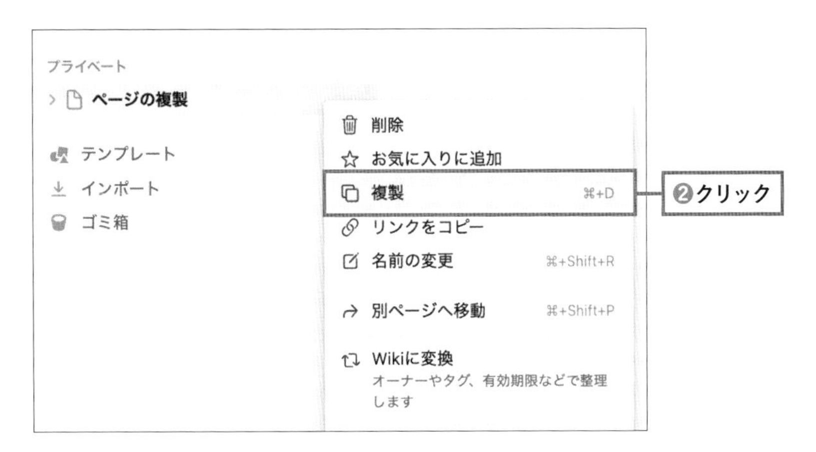

❸ ページが複製される。複製されたページタイトルの末尾には「(1)」が付く

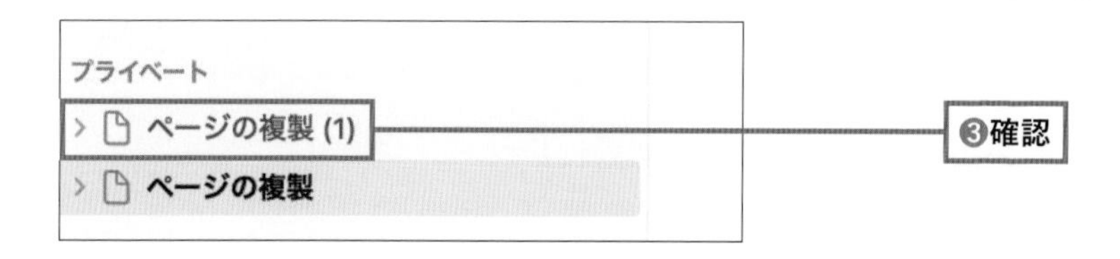

Check! ページタイトルの変更

複製したページの名前を変更するには、❷で表示されるメニューの「名前の変更」をクリックします。もちろん、ページを開いた画面で変更することも可能です。

ページの複製：ページ画面で複製する方法

❶ ページ右上にある[…]アイコンをクリック

❷「複製」をクリック

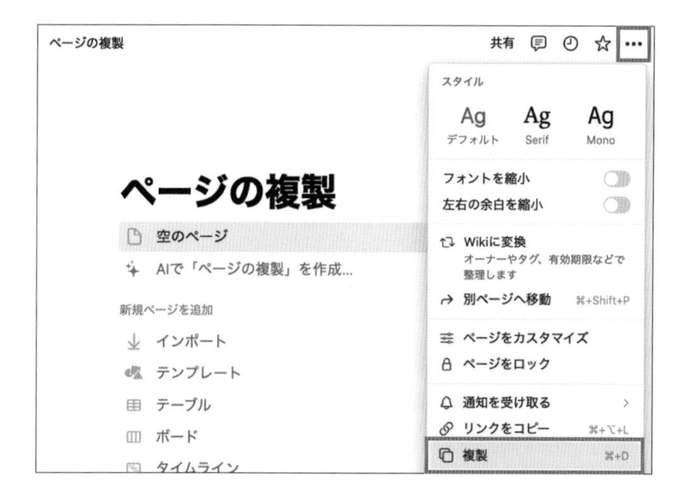

ページの削除：サイドバーで削除する方法

❶ サイドバーで、削除したいページタイトルにポインタを置くと表示される…アイコンをクリック

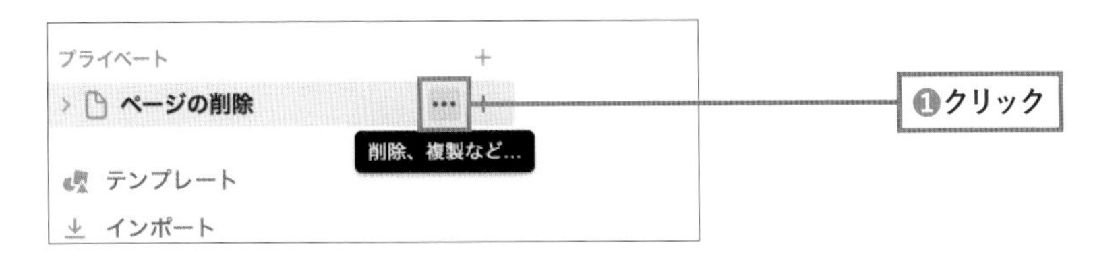

❷ 表示されたメニューから「削除」をクリックすると、削除される

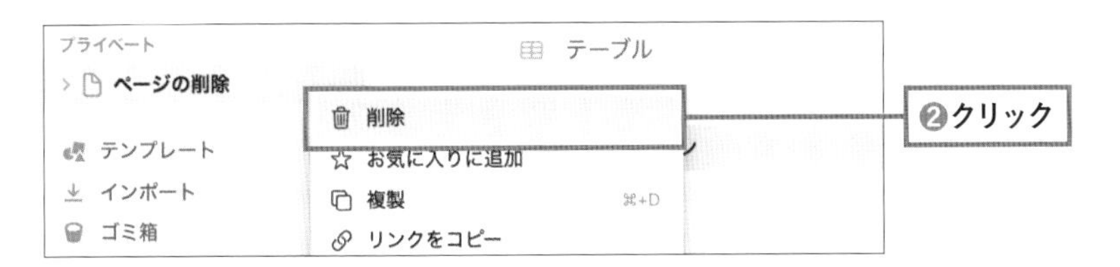

ページの削除：ページ画面で削除する方法

❶ ページ右上にある…アイコンをクリック

❷「削除」をクリック

削除したページの復元

削除したページはゴミ箱の中に入ります。ゴミ箱に削除したページが残っている場合、ページを復元することができます。

❶ サイドバーの「ゴミ箱」をクリックするとメニューが表示される
❷ 該当ページの ⟲ アイコンをクリック
❸ サイドバーでページが復元されていることが確認できる

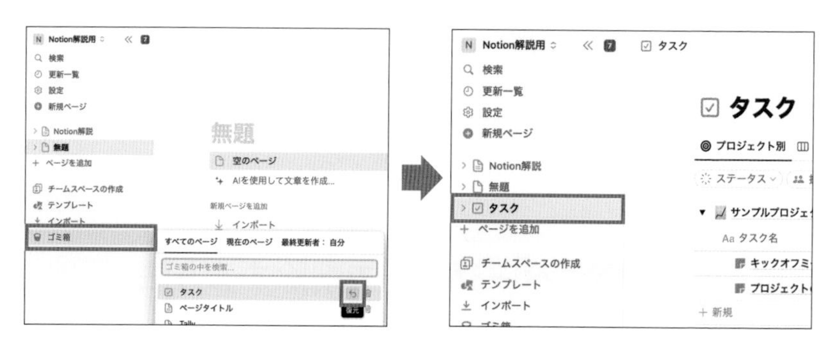

ただし、ゴミ箱内のページは30日後に自動で永久削除されます。エンタープライズプランはこれらの設定をカスタマイズすることができます。

ページを完全に削除したい場合は、サイドバーの「ゴミ箱」をクリックし、該当ページの 🗑 アイコンをクリックします。

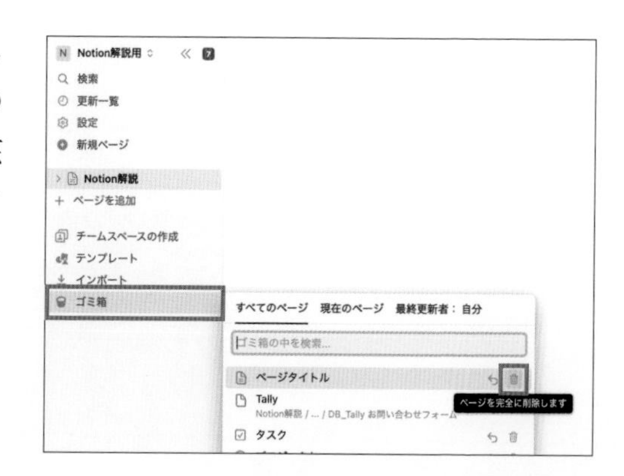

Section 3 19

ページ更新履歴の確認と復元

ページ更新履歴の確認

誰がいつどのように編集を行ったか、「更新履歴」から確認できます。

❶ ページ右上の◷アイコンをクリック

❷ このページの更新履歴が表示される

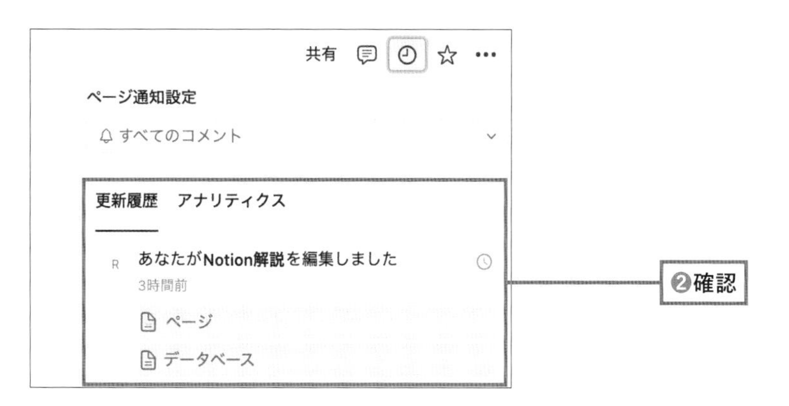

Check! **更新履歴からのページの復元**

各更新履歴の右にある◷アイコンをクリックすることで、復元が可能です。ページの復元については次ページを参照してください。

ページ履歴からの復元

自動保存された過去のバージョンから復元ができます。

復元の前に：直前に行った編集取り消しについて

編集中、直前の作業を誤り取り消したい場合は、ctrl（Mac OSの場合はcmd）＋Zか、ページ右上…アイコンから「元に戻す」をクリックすると戻れます。

もっと前のバージョンに戻したい時に、ページ履歴を確認、復元を使用します。

過去バージョンの保存期間

過去のバージョンの保存期間は、プランによって異なります。

- フリープラン：7日間
- プラスプラン：30日間
- ビジネスプラン：30日間
- エンタープライズプラン：無制限

過去バージョンの確認方法

❶ ページ右上の…アイコンをクリック
❷ 表示されたメニューから「ページ履歴」をクリック

❸ 過去バージョン一覧と、選択されたバージョンのプレビューがポップアップで表示される。更新日時と更新ユーザーも確認することができる

Check! 詳細な更新内容の確認

細かい更新内容を確認したい場合は、さきほど解説した「ページ更新履歴の確認」を参照してください。

一部のブロックのみを復元したい場合

一部のコンテンツブロックのみを復元したい場合は、過去バージョンのプレビュー画面からコピー&ペーストできます。

❶ 該当するバージョンをクリック
❷ ページ履歴プレビュー内のブロックを[ctrl](MacOSの場合は[cmd])+[C]でコピーする
❸ 現在のページに[ctrl](MacOSの場合は[cmd])+[V]でペーストする

全体を復元したい場合

❶ 戻したいバージョンをクリックし、「復元」ボタンをクリック

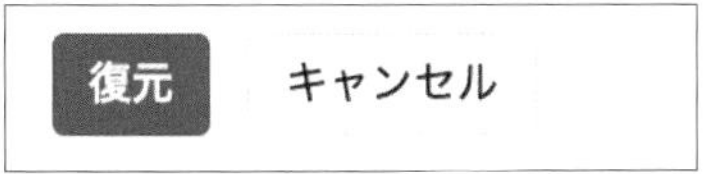

❷「このバージョンに戻しますか?」という確認画面が表示される
❸ データベースも前のバージョンに復元する場合は「このページのデータベースも復元する」にチェックする。データベースは復元したくない場合、チェックは外したままにする
❹「復元する」をクリック

Check! 履歴に「プラス」「ビジネス」などの表記がある場合

過去のバージョンに「プラス」「ビジネス」と記載がある時は、プランをアップグレードすれば取得可能です。

昨日 16:41
rie
2023年11月29日
rie
2023年11月29日 プラス↗
rie
2023年11月29日 プラス↗
rie
2023年11月11日 プラス↗
rie
2023年11月11日 ビジネス↗
rie
2023年11月11日 ビジネス↗

Section 3 20

ページのお気に入り登録

ページをお気に入り登録すると、サイドバーの「お気に入り」セクションに表示され、すぐにアクセスできるようになります。よく使うページは登録しておきましょう。

サイドバーからお気に入り登録する場合

❶ サイドバーで、お気に入り登録したいページタイトルにポインタを置くと表示される ··· アイコンをクリック

❷ 表示されたメニューから「お気に入りに追加」をクリック

ページ上からお気に入り登録する場合

❶ ページ右上にある☆をクリックする

いずれの方法の場合も、サイドバーのお気に入りセクションに表示されるようになり、ページ右上に黄色の★マークが付きます。

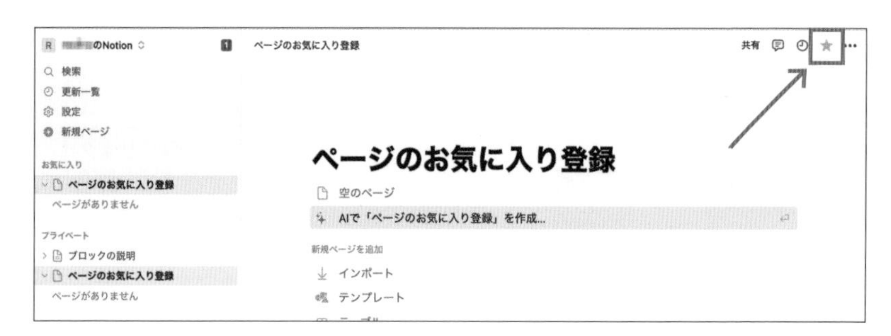

Section 3 21 ページの検索

ワークスペースでは、検索機能を利用できます。

❶ サイドバーで「検索」をクリック

Check! ページ検索のショートカット

ctrl（MacOSの場合はcmd）+Pを使用すると、より素早く検索ができます。

❷ 検索バーと、その下に最近開いたページが表示される

❸ 検索キーワードを入力すると、検索結果が表示される
❹ 該当ページをクリックするとページが開く

右上の「フィルターを表示」をクリックすると、並べ替えや条件ソートが可能です。

2023年12月現在、キーワードの一部一致でも検索結果に表示されます。

完全一致で検索したい場合は、キーワードを半角のダブルクォーテーションで囲む("キーワード")と探しやすいです。

Section 3 22

ブロックの種類：ベーシック

ブロックの種類はたくさんあるのですが、/（スラッシュ）コマンドで探せるので、すべてを覚える必要はありません。よく使うものはショートカットも覚えておくと、操作が格段に速くなります。

まずは、Notionの編集でよく使う基本的なブロックを紹介します。

Check! マークダウン記法とは

Notionでは、「マークダウン記法」が使用できます。特定の記号を使って、段落や見出し、装飾などを自動的に表示できます。

テキスト

コマンド

/text または ；テキスト

空のブロックにそのままテキストを打ち込むと、テキストブロックになります。（/textと入力する必要はありません）

+ ⠿ AIはスペース、コマンドは半角「/」または全角「；」を入力...

ページ

コマンド

/page または ；ページ
+ ＋「サブページ名」

ページ内にサブページを作ることができます。

ページブロック

見出し1、2、3

コマンド

/h1 または ；見出し1
/h2 または ；見出し2
/h3 または ；見出し3

マークダウン

＋ スペース
＋ スペース
＋ スペース

見出しをつけることで文章がわかりやすくなります。また、目次ブロックにも反映されます。

見出し1

見出し2

見出し3

テーブル

コマンド

/table または ；テーブル

シンプルな表を作成できます。

オプションで見出しと列を作ることができ、自動的に背景色がつきます。

表の枠に表示される6つの点のアイコンをクリックするとメニューが表示されます。ここで、文字色や背景色を設定できます。また、列・行の挿入、複製もできます。

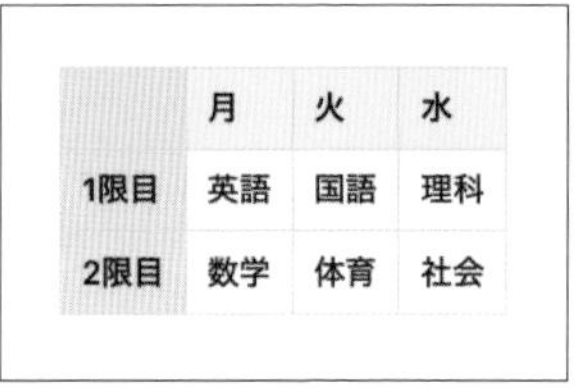

	月	火	水
1限目	英語	国語	理科
2限目	数学	体育	社会

箇条書きリスト

コマンド

/bullet または ；箇条書きリスト

マークダウン

- ＋ **スペース**

以下のように「・」がついた箇条書きリストを作成できます。階層化も可能です。

- A
- B
- C

- 第1階層
  - 第2階層
    - 第3階層

番号付きリスト

コマンド

/num または ；番号付きリスト

マークダウン

1 + . + スペース

以下のような連番のリストを作ることができます。階層化も可能です。

1. A
2. B
3. C

1. 第1階層
   a. 第2階層
      i. 第3階層

ToDo リスト

コマンド

/todo または ；とど

マークダウン

[+] + スペース

ToDoのチェックボックスを作成できます。

☐ TODO
☑ TODO

トグル

コマンド

/toggle または ;トグル

マークダウン

> + スペース

トグル内にブロックを格納すると、ブロックを開閉することができます。

トグルの先頭にある記号「▶」をクリックするか、カーソルを合わせて Ctrl（Mac OSの場合 command）+ Enter キーで開閉ができます。

▼ トグル
このブロックを開閉できる

引用

コマンド

/quote または ;引用

左に線が入り、引用箇所をドキュメント内のほかの部分と区別できます。ブロック左側にある ⠿ アイコンから文字サイズを変更することもできます。

| 引用

| 引用

区切り線

コマンド

/div または ；区切り

マークダウン

- + - + -

区切り線でコンテンツをわかりやすく分類できます。

ページリンク

コマンド

/pagelink または ；ページリンク
[+ [+ 「既存ページ名」

ワークスペース内の、既存ページへのリンクを作成することができます。

ページリンク

コールアウト

コマンド

/callout または ；コールアウト

テキストを目立たせたい時に使います。四角い枠の中に、アイコンや背景色が付きます。

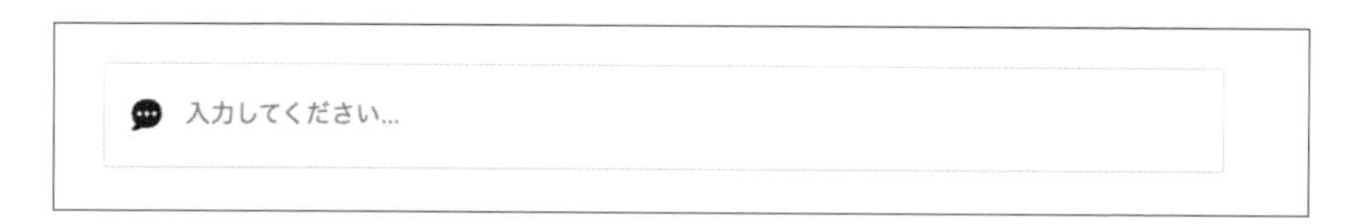

アイコン部分をクリックすると、ページアイコンと同様、「絵文字」「アイコン」「カスタム」から任意のアイコンを選択できます。

背景色や文字色も変更できます。
⠿アイコンから、カラーを選択しましょう。

最後に使った色
A オレンジ ⌘+Shift+H
アクションを検索...
AIに依頼 ⌘+J
削除 Del or Ctrl+D
複製 ⌘+D
ブロックタイプの変換
指定の場所でページに変換
ブロックへのリンク... ⌥+Shift+L
別ページへ移動 ⌘+Shift+P
カラー
アイコン
最終更新者： rie
今日 22:14
カラー
A デフォルト
A グレー
A ブラウン
A オレンジ
A 黄
A 緑
A 青
A 紫
A ピンク
A 赤
背景色
A 背景色なし
A 背景色：グレー
A 背景色：ブラウン
A 背景色：オレンジ

Point
• 1
• 2
• 3

ブロックの種類：メディア

Notionでは画像やファイルなどさまざまなコンテンツをアップロードしたり、埋め込んだりすることができます。

画像

コマンド

/image または ；画像

画像のアップロード、またはオンライン上の画像リンクを使用して画像を埋め込むことができます。

アップロード

画像ファイルをページにアップロードすることが可能です。

❶「ファイルをアップロード」をクリック

❷ アップロードする画像を選択

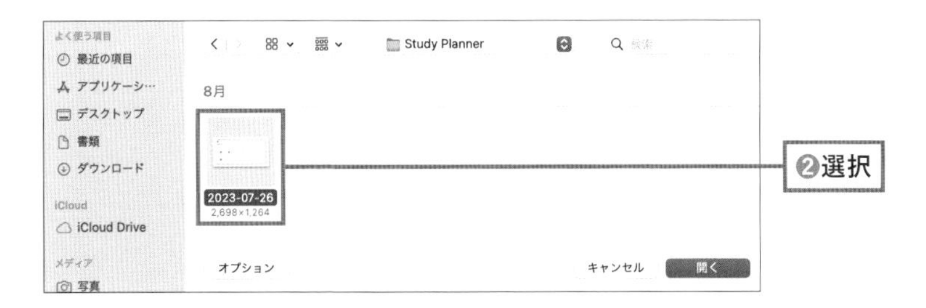

リンクを埋め込む

オンライン上の画像のアドレスをコピー&ペーストして埋め込むことが可能です。

❶ オンライン上の画像のアドレスをコピー

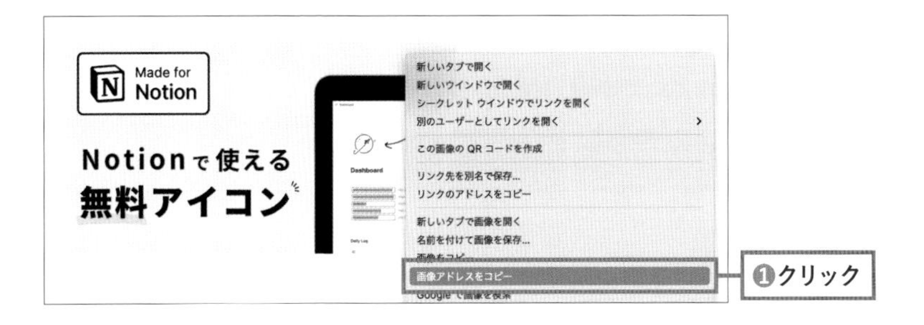

❷ テキストボックス「画像のリンクを貼り付ける」にペーストし、「画像を埋め込む」をクリック

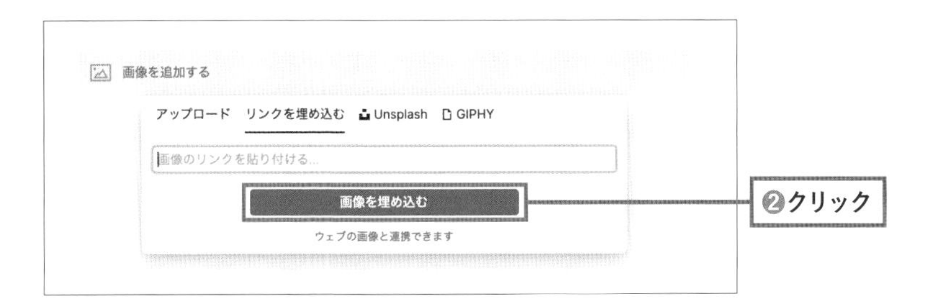

Unsplash

写真素材サイト「Unsplash」からキーワードで画像を検索し、埋め込みが可能です。

❶ キーワードを入力

❷ 任意の画像をクリック

GIPHY

GIF画像の検索サービス「GIPHY」からキーワードでGIF画像を検索し、埋め込みが可能です。

❶ キーワードを入力し、任意の画像をクリック

画像の配置変更

画像右上の「配置」をクリックしましょう。

左寄せ、中央、右寄せいずれかを選択し、配置を変更します。

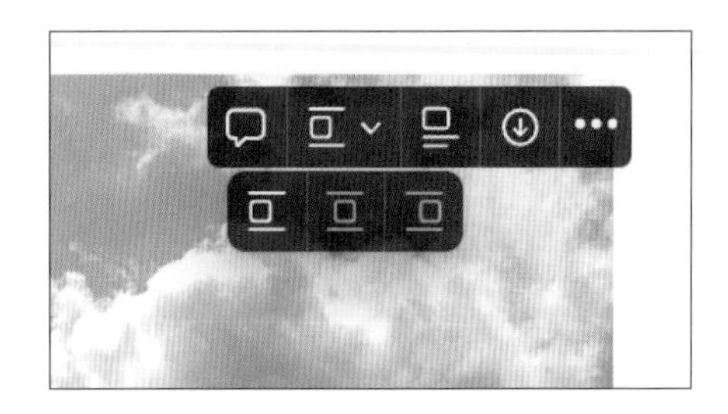

画像のキャプション追加

画像右上の「キャプション」をクリックすると、画像左下に「キャプションを書く」が表示され、キャプションを追加できます。

Webブックマーク

コマンド

/book または ；ブック

任意のページのURLをペーストすると、リンクカードを作成することができます。

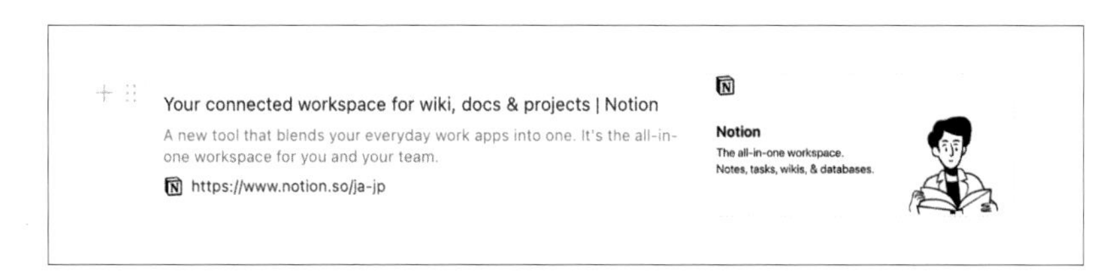

以下のようにURLをペーストし、「ブックマークを作成する」をクリックしてください。

動画

コマンド

/video または ；動画

YouTubeなどの動画URLを埋め込んだり、動画ファイルをアップロードすることができます。

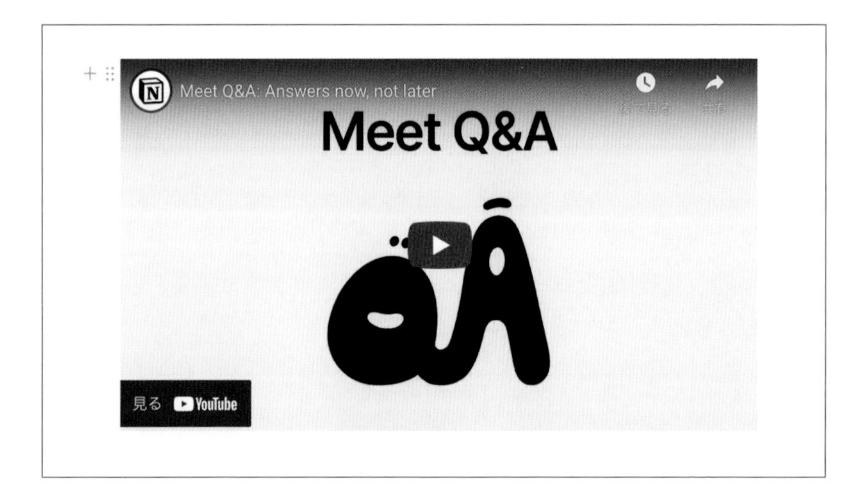

リンクを埋め込む

YouTubeなどのURLをペーストし、埋め込みが可能です。

テキストボックス「動画リンクを貼り付ける」にURLをペーストし、「動画を埋め込む」をクリックしましょう。

アップロード

動画ファイルをNotionにアップロードすることが可能です。
「動画を選ぶ」をクリックし、任意のファイルを選択しましょう。

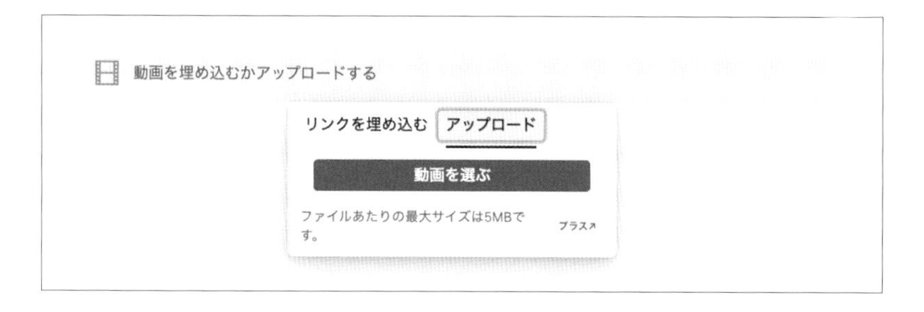

オーディオ

コマンド

/audio または ；オーディオ

音声ファイルのアップロードや、Spotify、SoundCloudなどの埋め込みが可能です。

コード

コマンド

/code または ；コード

プログラミング言語ごとに書式設定をすることができるブロックです。よく使うコードをメモしたり、「Mermaid」を使用してグラフやフローチャートなどを作成することができます。

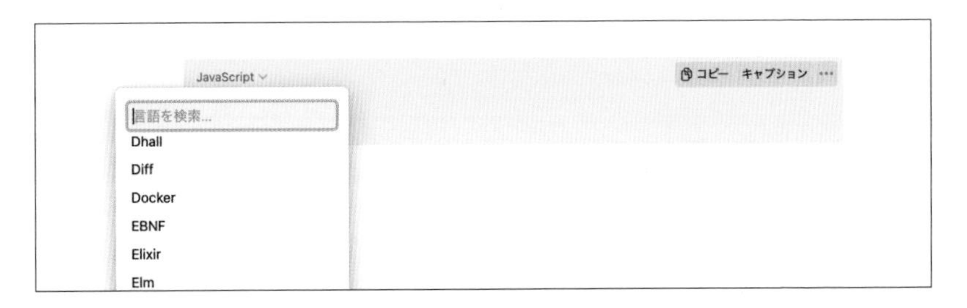

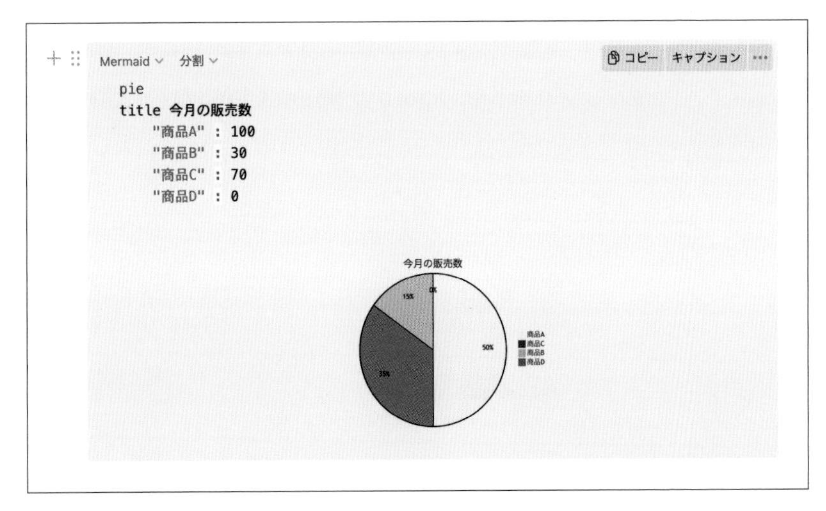

ファイル

コマンド

/file または ；ファイル

アップロード

任意のファイルをアップロード可能です。

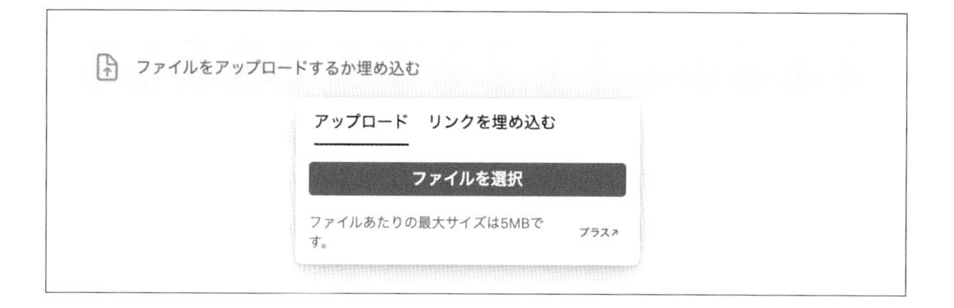

リンクを埋め込む

Web上のファイルのリンクを埋め込み可能です。

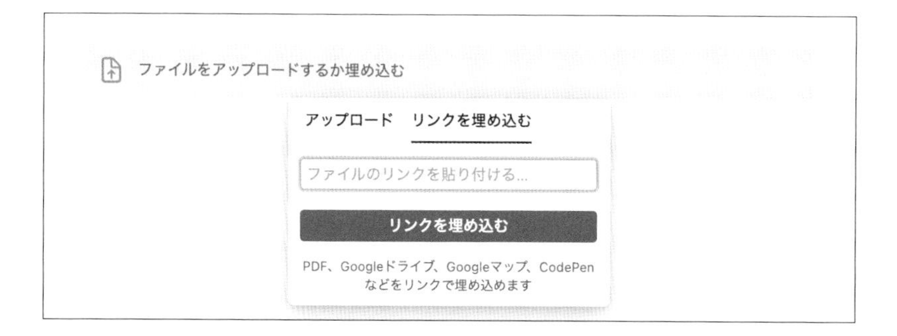

Section 3 24

ブロックの種類：アドバンスド

さらに、使えると便利なブロックを解説します。高度なブロックも含まれますが、慣れてきたら使ってみてください。

目次

ページ内の「見出し1~3」のブロックと連動した目次を作成することができます。それぞれのブロックまでジャンプできます。

コマンド

/toc または ；目次

見出し1

見出し2

見出し3

式ブロック

コマンド

/math または ；式

式を独立したブロックで表示できます。

$$x^2 + 2x + 1 = 0$$

❶ 入力画面が表示される

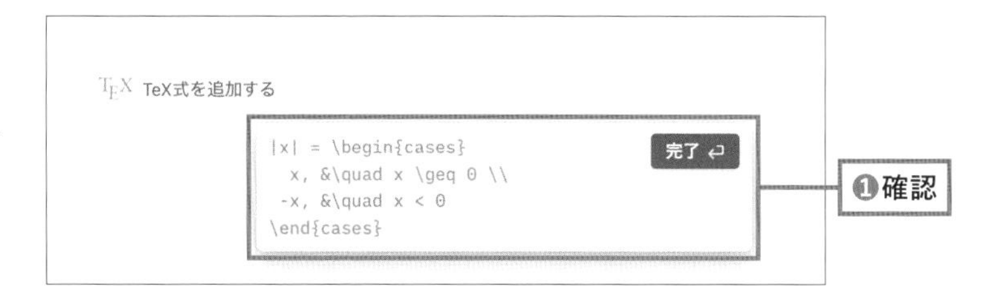

❷ 式を入力すると、リアルタイムでプレビューを見ながら編集できる。入力後「完了」をクリック

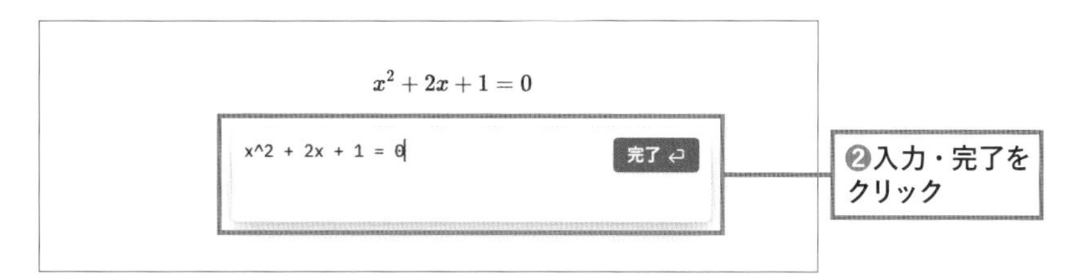

ボタン

コマンド

/button または ；ボタン

ページ・ブロック・データベースで繰り返し行う入力について、あらかじめ「ボタン」を設定しておくことで、ボタンを押した際に、その設定に応じた入力が行われる仕組みになっています。

Notionに慣れていない人に向けてページを作成する場合にも、ボタン機能をあらかじめ設定しておくと、入力がより簡単になります。

ボタンはWeb公開のみを目的とした表示用のページでは現在のところ作動しません。(Notionユーザーが複製すれば利用可能となります)

3

▼この例では、「定例タスク」が「ボタン」

▼ボタンのメニュー

ボタン機能でできること

アクションの種類	アクションの内容
ブロックを挿入する	編集中のページにテキストやブロックを挿入
ページを追加	指定されたデータベース内に新規のページを追加
ページを編集	データベース内の指定されたページのプロパティを編集
確認を表示	続行もしくはキャンセルを選択できる確認ウィンドウを表示
ページを開く	指定されたページを開く。ボタンアクションで追加したページをそのまま開くことが可能

使用例①繰り返し使うテキストやブロックを登録する

編集中のページに決まったテキストやブロックを挿入することができます。ページ内で繰り返し行うブロック追加をあらかじめ登録しておく機能となります。

例えばこの例では、「定例タスク」ボタンをクリックしたタイミングで、クリックした日と、登録したチェックボックスで毎日行うタスクが表示されるように設定しました。

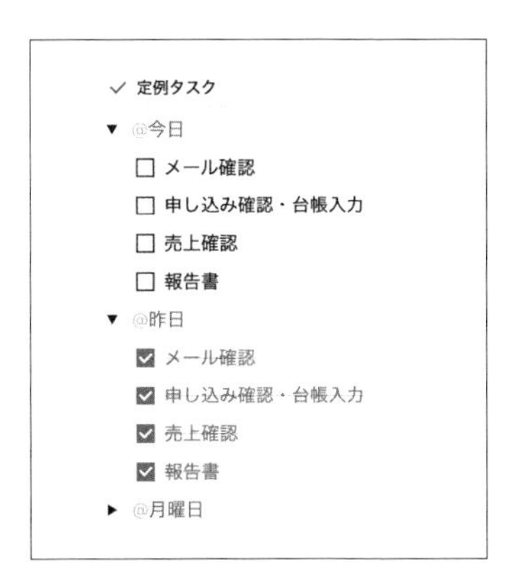

❶「ブロックを挿入する」をクリック

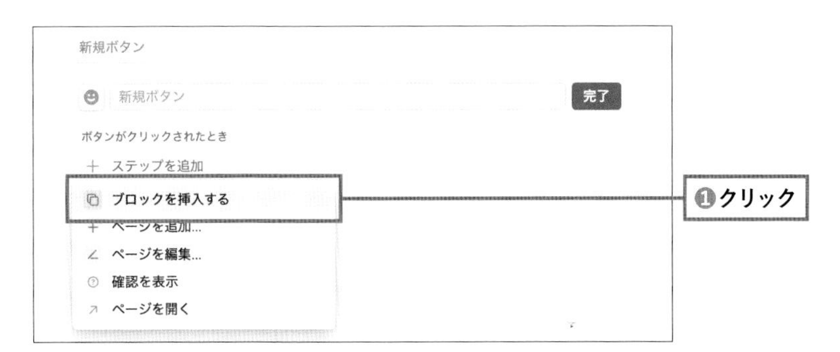

❷ ボタンの設定画面が表示される

❸ ボタンの名称とアイコンを設定する。「ブロックを挿入する」の下は、通常のページと同様に編集できる。ボタンをクリックした時に反映したいブロックを登録する
❹ 完了をクリック

❺ ボタンをクリックすると、「ページに1ブロックを作成しました」と表示され、登録したブロックが追加される

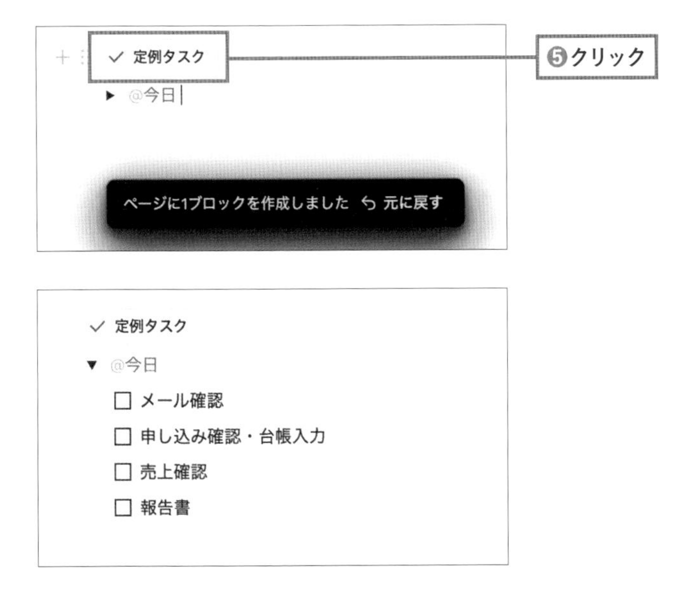

使用例②データベースにページを追加する

「ページを追加」で指定されたデータベース内に新規ページを追加・任意のプロパティを入力することができます。「ページを開く」で追加したページをそのまま開くことが可能です。

この機能を使う例として、タスクのデータベースに新規タスクを追加するボタンを作成します。特典テンプレート「タスク」にもボタンを設置していますので参照してください。

❶「ページを追加」をクリック

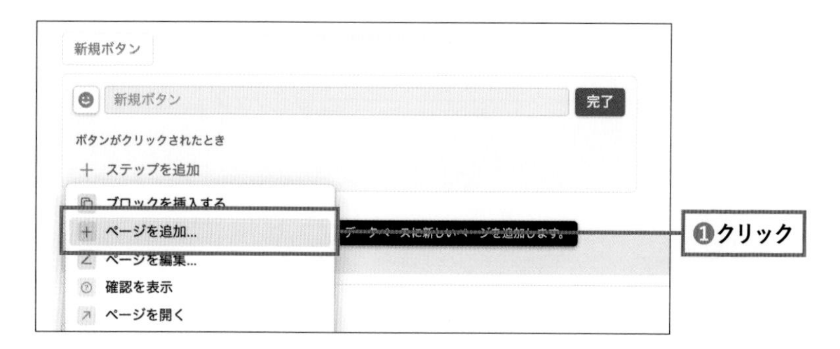

❷ ボタンの名称とアイコンを設定

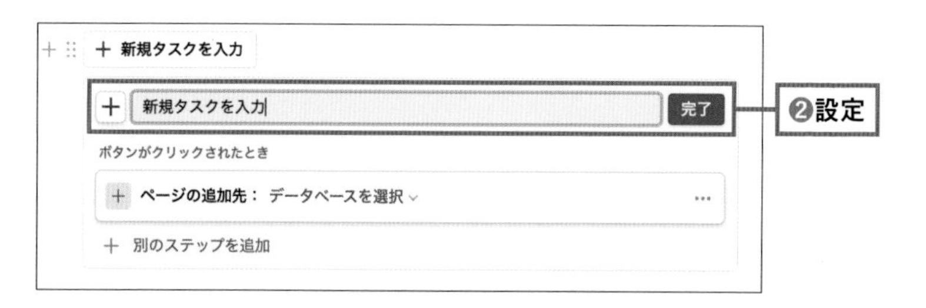

❸ データベース（ここではDB_Task）を選択

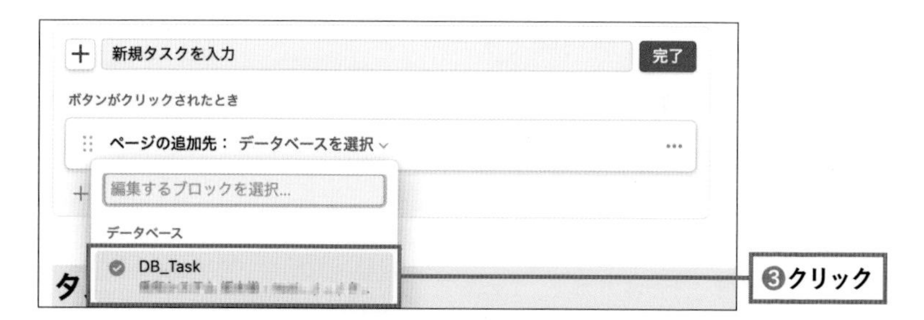

❹ データベーステンプレートを登録している場合は、任意のものを選択する（ここでは無題）

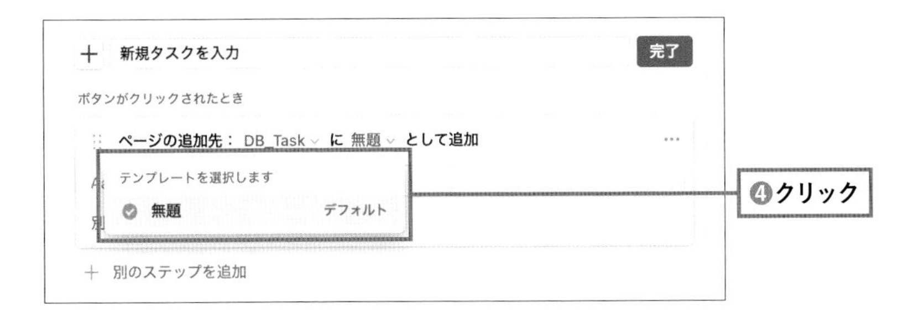

❺ ページ追加の際にデフォルトで入れたいプロパティを設定する（ここでは無題と未着手）。これで「ページを追加」の設定は完了

❻ 続いて、「ページを開く」機能を追加する。「別のステップを追加」をクリック

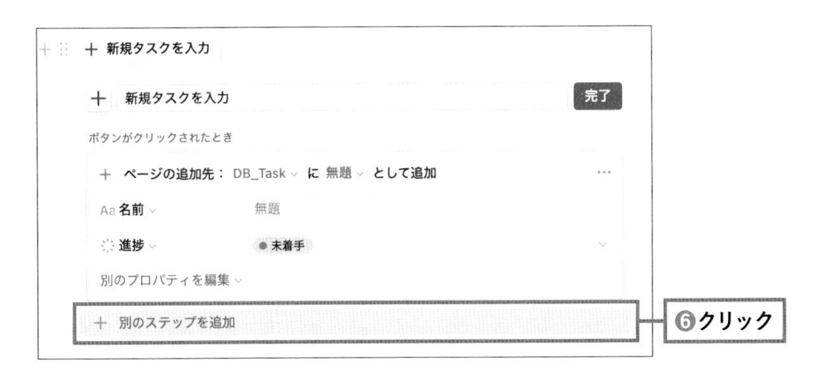

❼「ページを開く」をクリック

❽「追加された新規ページ」をクリック
❾ 右上の「完了」をクリック

これで、DB_Taskに、新規タスクを追加するボタンの設定ができました。

■使用例③データベースのプロパティを編集する

データベース内の指定されたページのプロパティを編集することができます。ボタンをクリックすると、条件に沿ってページのプロパティを変更することができます。

この機能を使う例として、特典テンプレート「習慣トラッカー」にもボタンを設置していますので参照してください。今日の習慣について、一括でチェックが入れられるようになっています。

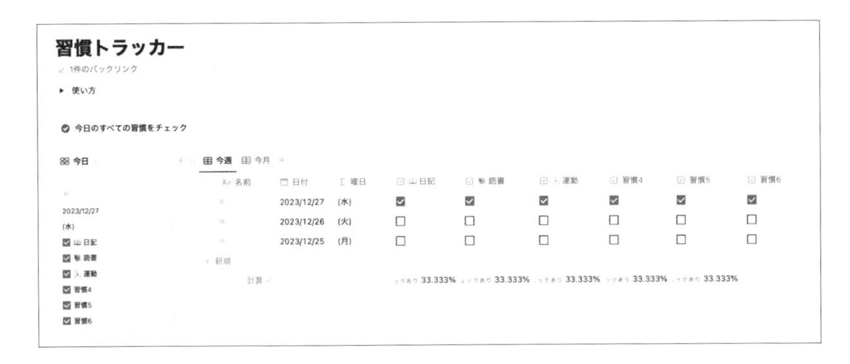

❶ ページを編集をクリック

新規ボタン
完了
ボタンがクリックされたとき
ステップを追加
ブロックを挿入する
ページを追加...
ページを編集...
確認を表示
データベースの指定されたページのプロパティを編集します。

❷ ボタンの名称とアイコンを入力。ページ編集を行う対象のデータベースを選択する。編集するページをフィルタリングする。ここでは、今日のページをフィルタリングする

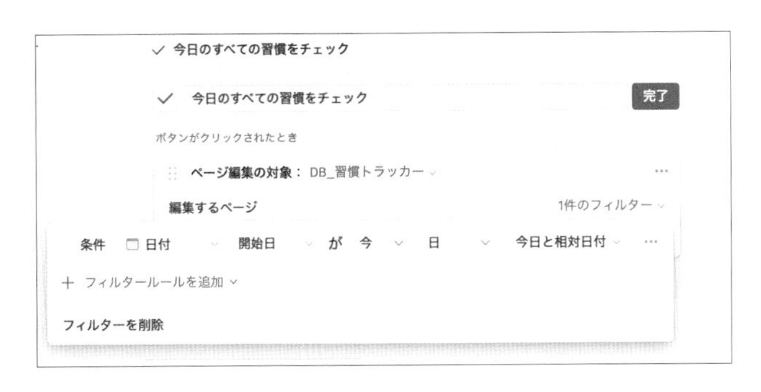

Check!

フィルタリングを誤ると、意図しないページのプロパティが書き変わってしまうので注意してください。

❸ 編集したいプロパティの内容を登録。ここでは、今日の習慣に全てチェックを入れたいので、チェックボックスにチェックが付いた状態を選択。右上の完了をクリック

階層リンク

コマンド

/bread または ；階層リンク

現在のページの階層を表示します。階層はリンクになっておりジャンプできます。

▽ 孫ページに階層リンクブロックを作成した。親ページ、子ページにジャンプできる

孫ページ

親ページ / 子ページ / 孫ページ

AIはスペース、コマンドは半角「/」または全角「；」を入力...

同期ブロック

コマンド

/synced または ；同期ブロック

「同期ブロック」とは、同期されているブロックを同時に編集する機能です。ポータルサイトのメニューや、ホームページのフッターなどに使うと便利です。

例として、既存のブロックを同期ブロックにしてみましょう。

❶ 同期したいコンテンツのオリジナルとなるブロックの、左側にある⠿アイコンをクリック

❷ 表示されるメニューから「ブロックへのリンク」をクリック

❸ さきほど取得したリンクを任意の場所にペースト
❹ 表示されるメニューから「同期ブロックとして貼り付け」をクリック

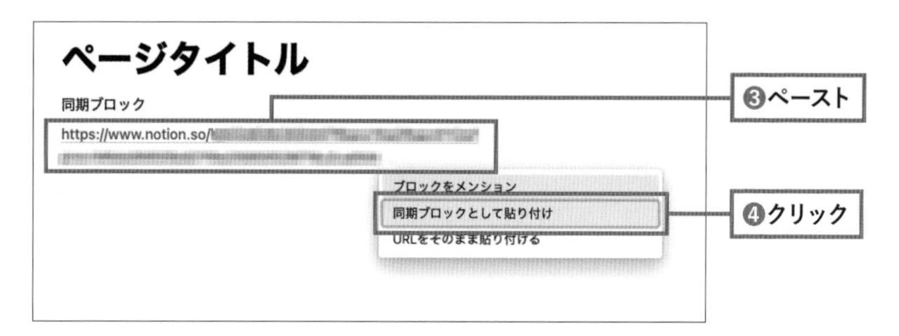

❺ 同期ブロックが作成される。どちらのブロックも赤枠が表示される

❻ 片方のブロックを編集すると、もう片方の内容も更新される

❼ 同期ブロックにカーソルを合わせクリックすると、メニューが表示され、同期されているページと、そのオリジナルブロックがわかる

トグル見出し

コマンド

/toggleh1 または ；トグル見出し1
/toggleh2 または ；トグル見出し2
/toggleh3 または ；トグル見出し3

見出しとトグルがセットになったブロックです。見出し内のコンテンツをトグルで開閉できます。

▾ トグル見出し1
このブロックを開閉できる
▸ トグル見出し2
▸ トグル見出し3

2列～ 5列

コマンド

/column2 または ；2列
/column3 または ；3列
/column4 または ；4列
/column5 または ；5列

複数列のレイアウトが作成できます。

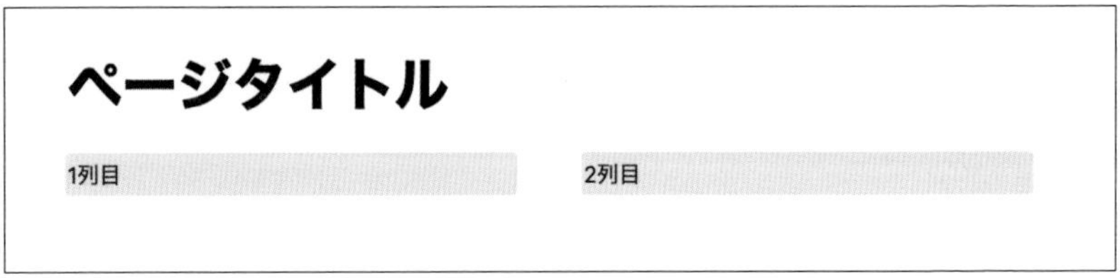

ページタイトル

1列目	2列目

Section 3 25

ブロックの種類：インライン

「インライン」セクションにあるものは、文中に挿入することができる項目です。

ユーザーをメンション

コマンド

/mention または ；メンション
@ ＋ ユーザー

@の後ろにユーザー名を入力すると、相手に通知されます。コメントやディスカッションをする際に便利です。

1. ブロックに@キーを入力
2. ユーザー名を入力し、サジェストから選択

ページをメンション

コマンド

/mention または ;メンション
@ + ページ、[[+ ページ

@の後ろにページ名を入力すると、リンクが作成されます。
P.73「リンク機能」でも解説しています。

ブロックの説明

日付またはリマインダー

コマンド

/date または ;日付
/remind または ;リマインダー
@ + 今日（など）

@の後ろに「今日」などと入力すると、日付を動的に表現することができます。

つまり、「@今日」と入力したところを明日に確認すると、「@昨日」と表示されます。

❶ ブロックに @ キーを入力。下記のようなサジェストが表示される。「日付」の「今日」をクリック

ユーザー、ページ、日付をメンションする...
日付
今日 — 2023年12月20日
明日午前9時にリマインドする

❷ 日付が動的に表記される。これを明日確認すると、「昨日」と表示される

@今日

下記のように入力・表示することが可能

@今	@now
@今日	@today
@昨日	@yesterday
@明日	@tomorrow
@次の水曜日	@next
@前の水曜日	@last

❸ 過去の表記はこのように動的に表現される

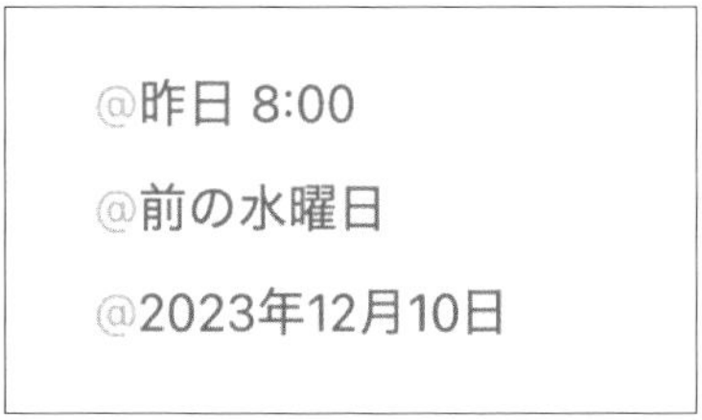

@昨日 8:00
@前の水曜日
@2023年12月10日

❹「@日付」をクリックすると、カレンダーなどのメニューが表示される。ここから日時の編集や、日付の表示形式の選択が可能。(時間を入れる場合は「時間を含む」をオンに)

❺ 通知設定をしたい場合は「リマインド」をクリック

❻ 通知が設定されると、青色テキストと時計マークが付く

@明日 12:00

絵文字

コマンド

/emoji または ；絵文字
: ＋ 絵文字名（: ＋ smile など）

文中で絵文字を使うことができます。

❶「/emoji」を入力すると、絵文字ピッカーが表示される

❷ 選択すると以下のようにブロック内に挿入される

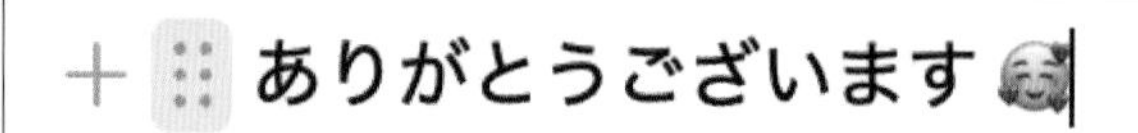

❸ また、: （半角コロン）＋絵文字名を入力することもできる

インライン式

コマンド

/math または ；インライン式

式ブロックの機能と類似していますが、こちらは文中で式の挿入が可能です。

インライン式は、$x^2 + 2x + 1 = 0$ のように文中に挿入が可能

Section 3 26

ブロックの種類：埋め込み

オンライン上にあるさまざまなコンテンツを埋め込むことができます。ブロックのメニューの「埋め込み」セクションにあるブロックは、コンテンツのプレビューが表示されます。

コマンド

/embed または ；埋め込み
/googlemap なども可

▼ Googleマップ

▼ X（旧Twitter）

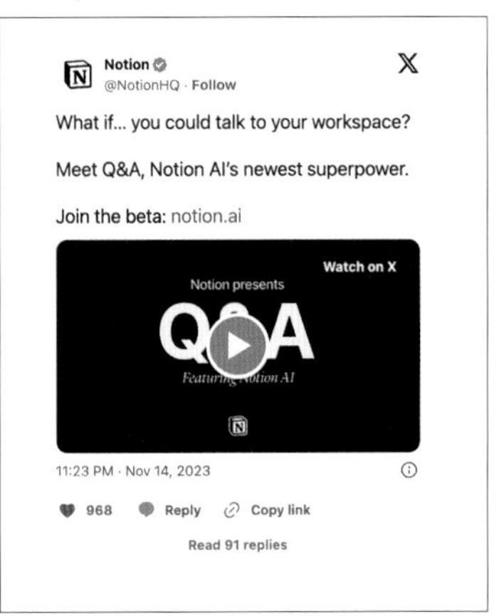

▼ Miro

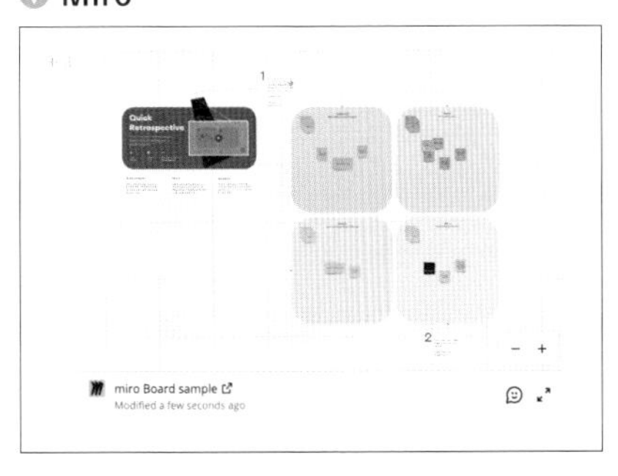

Check! ブロックの種類：データベース

この後解説する「データベース」もブロックの一種です。データベースについては 4章で解説します。

Chapter
4
データベースの使い方

データベースの基本ポイント

まずは、Notionのデータベース機能の特徴を簡単に紹介します。

復習：Notionにはフォルダがない

Notionにはフォルダという概念がないので、階層化したい場合、Chapter3では、ページの中にサブページを置きました。

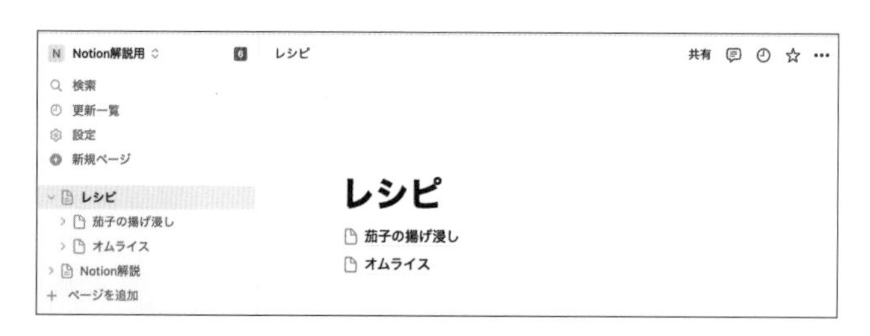

しかし、このまま運用していくと、サイドバーでもページがどんどん増えてしまい、煩雑になることが予測できます。

同じような情報をまとめるときはデータベースを使う

データベースとは、同じような性質を持つ「ページ」を一括して管理する機能です。

このレシピの例では、データベースを使うのが適切です。データベースにすると、次の画像のようにまとめることができます。サイドバーでも、「DB_レシピ」とまとまるので、すっきりします。

データベースは、例えばこんな例で使われます。

- タスクデータベース
- 議事録データベース
- 日記データベース
- メモデータベース

データベース機能の3つのポイント

データベースはこの3つのポイントが重要になります。

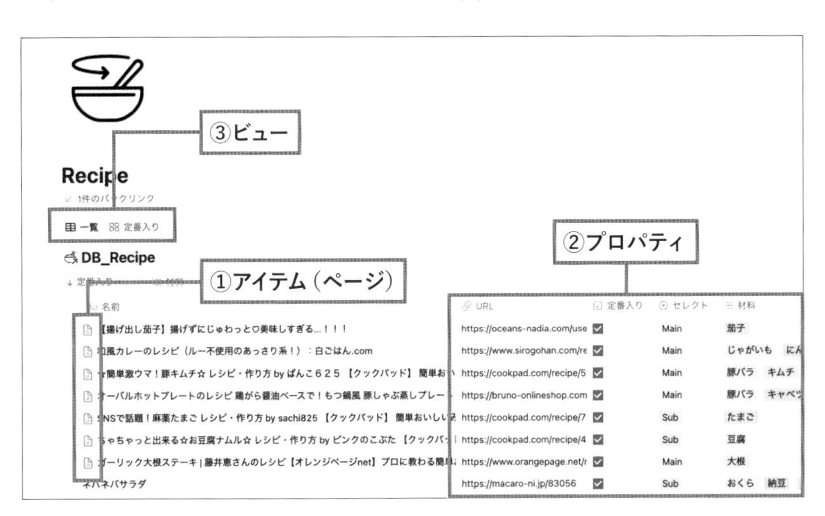

それぞれ解説します。

■ ①データベースは「ページ」の集まり

データベース内のアイテムは「ページ」なので、開くと通常のページと同じように、ブロックを使って自由にコンテンツを配置できます。

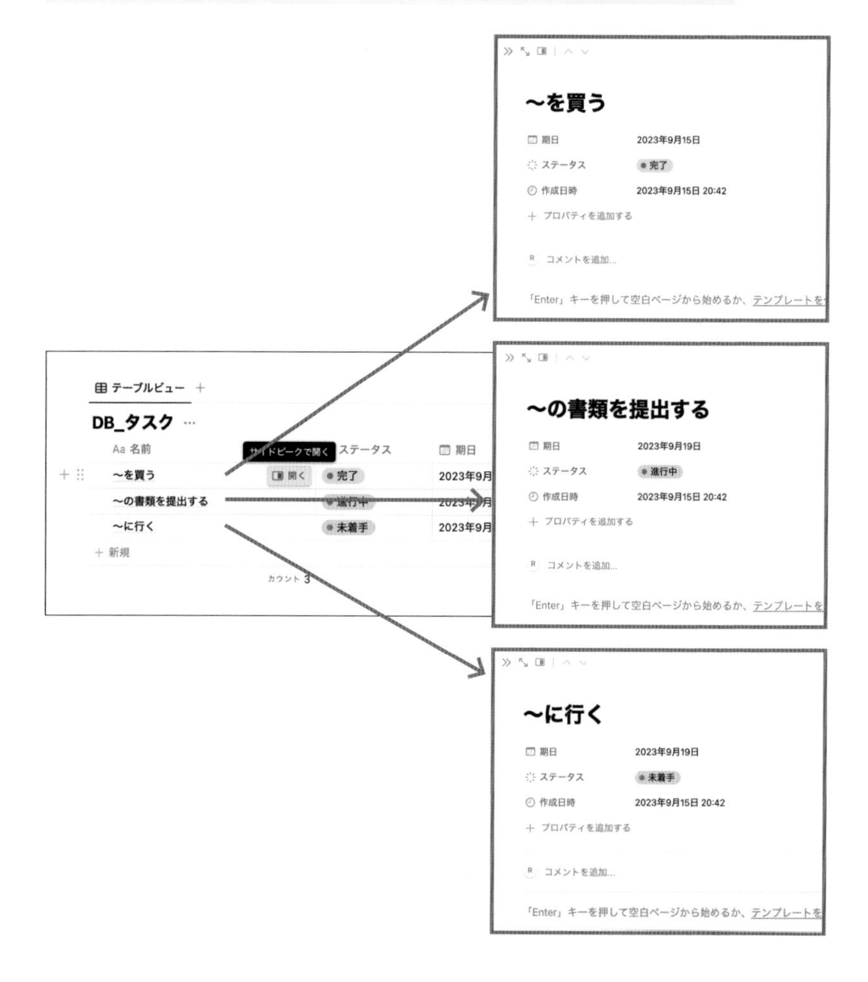

例えば、「DB_タスク」のデータベースから一つ一つのアイテムを開くと、ページ上部にプロパティが表示されます。ページ下部は普通のページと同様、自由にブロックが配置できるエリアです。

▼ データベースは、開くと一つのページであることがわかる

②データベース内の情報は「プロパティ」で整理する

データベース内の各アイテム（ページ）に対して、「プロパティ」を使ってページの属性を表現することができます。つまり、ページそれぞれにラベルをつけるようなイメージになります。

プロパティによって、カテゴリーを分けたり、グループ化したり、フィルタリングして表示することができます。

プロパティの利用イメージとしては、下記のような項目になります。

- タスクデータベース（プロパティ：期限、進捗ステータス、完了日など）
- 議事録データベース（プロパティ：議題、Todo、参加者、開催日など）
- 日記データベース（プロパティ：習慣チェック、天気、体調など）
- レシピデータベース（プロパティ：材料、カテゴリーなど）
- メモデータベース（プロパティ：カテゴリー、要約など）

③データベースは「ビュー」を使ってさまざまな見せ方をすることができる

データベースは、「ビュー」を使ってさまざまな見せ方をすることができます。6種類のレイアウトがあり、1つのデータベースから、内容に適した見せ方を選ぶことができます。複数のビューを切り替えることもできます。

例）タスク管理に便利なボードビュー

ボードビュー

DB_タスク

未着手 1
~に行く
2023年9月19日
＋ 新規

進行中 1
~の書類を提出する
2023年9月19日
＋ 新規

完了 1
~を買う
2023年9月15日
＋ 新規

新規データベースの作成

それでは、実際にデータベースを作成してみましょう。

❶ 新規ページを作成し、ブロックに「/database」または「;データベース」と入力
❷ データベース選択のメニューが表示される。今回は「データベース：インライン」をクリック

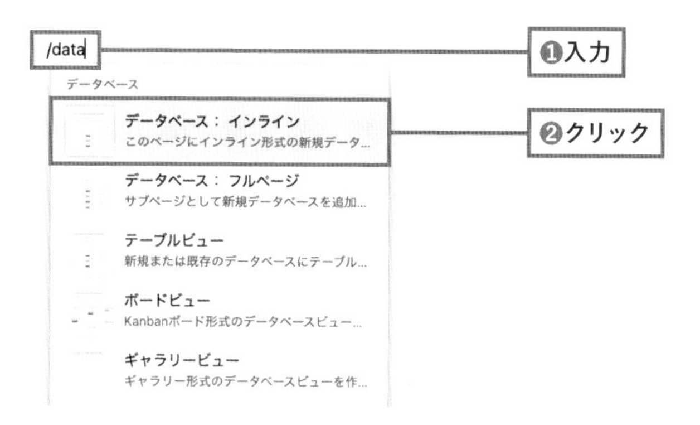

❸ ページの中にデータベースが作成される
❹「無題」と表示されているところに、データベースのタイトルを入力

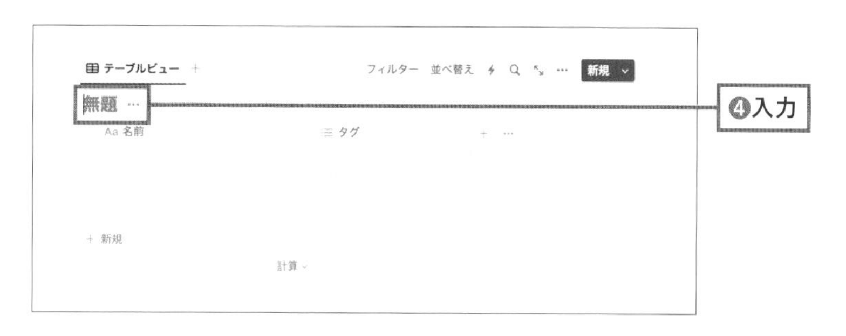

❺ データベースの土台が完成

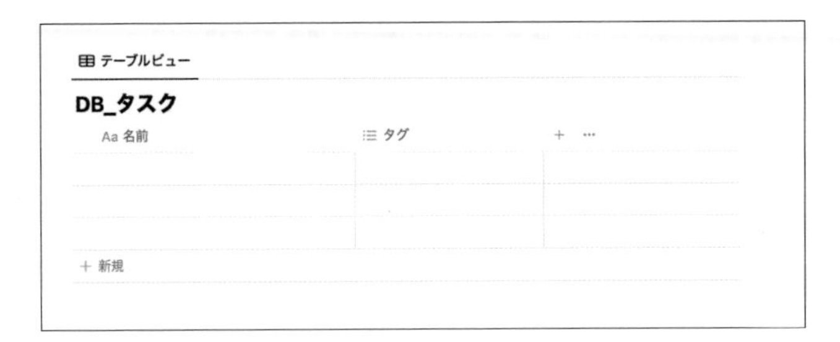

Check! データベースのタイトルの付け方

階層化に入った時にデータベースであることがわかりやすいように、「データベース」「DB」などを付けるのがおすすめです。

Section 4 03 インライン形式とフルページ形式

データベース作成においては、「インライン」「フルページ」いずれかの形式を使用することになります。特徴を確認しましょう。

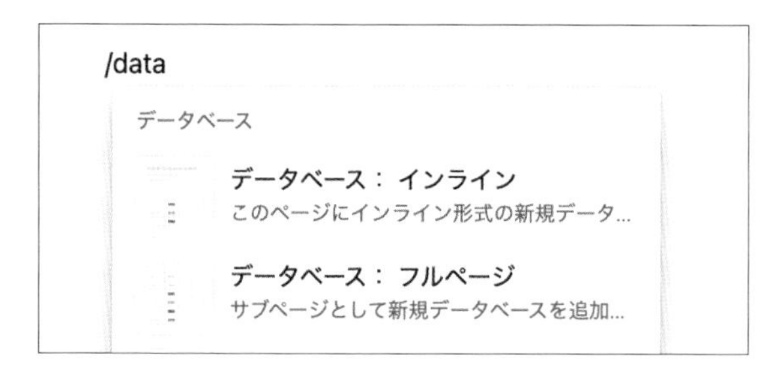

インラインとフルページの特徴

まずはそれぞれの特徴を見てみましょう。

インライン

ページ内の一部のコンテンツとして任意の場所にデータベースを作成する形式です。データベースの上下にコンテンツの追加ができます。つまり、通常のページと同様に、テキストや画像などを入れることができます。

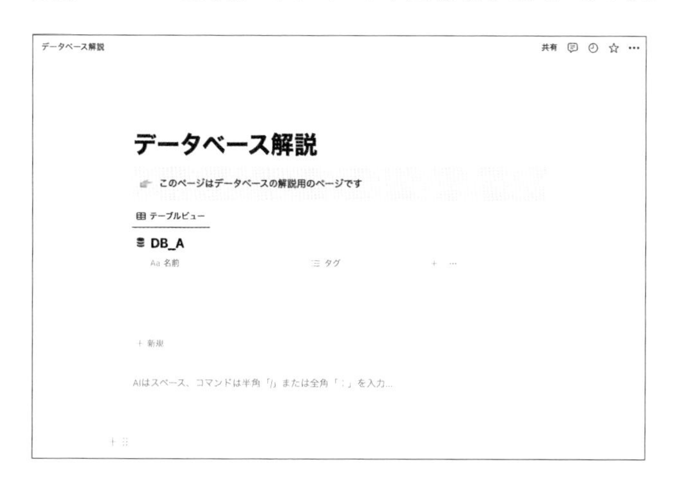

フルページ

ページ全体に1つのデータベースだけが表示される形式です。データベースの上下に、テキストや他のコンテンツを追加することはできません。

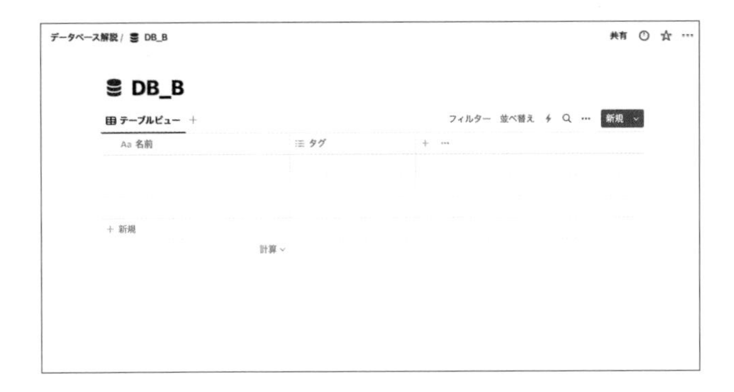

インラインとフルページの比較

インラインとフルページの違いを見てみましょう。「データベース解説」というページに、データベースAをインラインで作成、データベースBをフルページで作成してみました。

インラインはデータベースの中身が見えている状態で、フルページはタイトルだけ表示されていることがわかります。

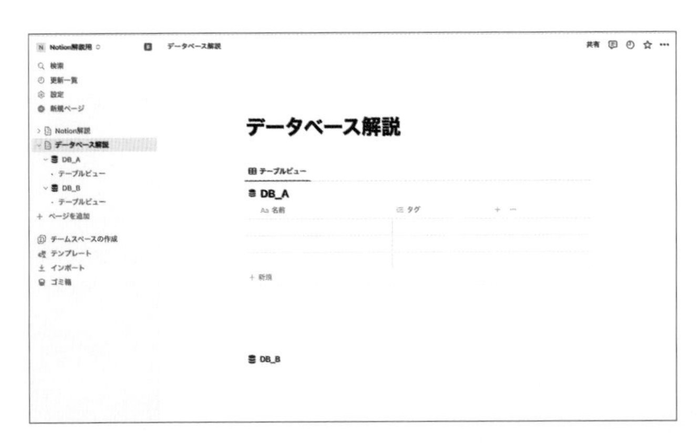

サイドバーで、AとBそれぞれをクリックして中を見てみます。中身はまったく同じ構成です。

フルページ形式とインライン形式の切り替え方

フルページ形式とインライン形式は、簡単に切り替えることができます。

ブロックにポインタを置くと左側に表示される⠿アイコンをクリックし、「インラインに変換」または「フルページに変換」をクリックしましょう。

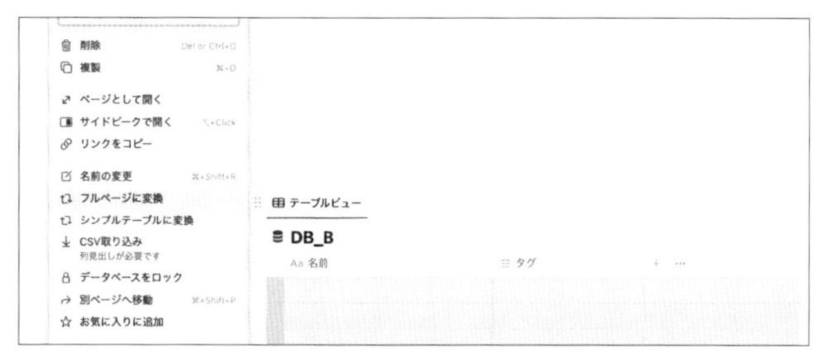

4

フルページとインライン、どっちで作る?

データベースに慣れるまではインラインが使いやすいかと思います。いずれにしても形式は何度でも切り替えられるので、最初からあまり考えすぎなくてもOKです。

どのように使い分けることができるのか、参考までに使い方の例を挙げておきます。もし使っていく中で迷ってしまったら参考にしてみてください。

■使用例①使用する予定のページ内で「インライン」で作成する

わたしの場合は、あるページがすでにあって、そのページの中でどのようにデータベースを使うか?と考えながら作ることが多いです。そのため、まずはインラインのテーブルビューでデータベースを作成し始めます。インラインはデータベースの上下にも色々メモしながら使えるので、使いやすく感じます。また、/d + Enter だけでデータベースができてしまうので、素早く簡単です。さらに詳しい管理方法は、「リンクドビュー」(P.204)で解説します。

■使用例②データベースをまとめるページを1つ作り、その中で「フルページ」で作成する

たくさんのデータベースを管理する場合、複数人で使う場合は、この方法がおすすめです。こちらも「リンクドビュー」で解説しますが、データベースの情報は、作成した場所以外からも呼び出すことができます。データベースだけをまとめたページを用意しておくことで、「Wiki」機能(P.245)を使ってたくさんのデータベースを一括管理することもできます。

Section 4-04 新規アイテムの追加

データベースの基本系であるテーブルビューを使って、新しいアイテム（ページ）を追加してみましょう。

テーブルビューでは、下記いずれかの方法で追加します。

- データベースの一番下の行にある「＋新規」をクリック
- データベースにポインタを置くと右上に表示される、青いボタン「新規」をクリック

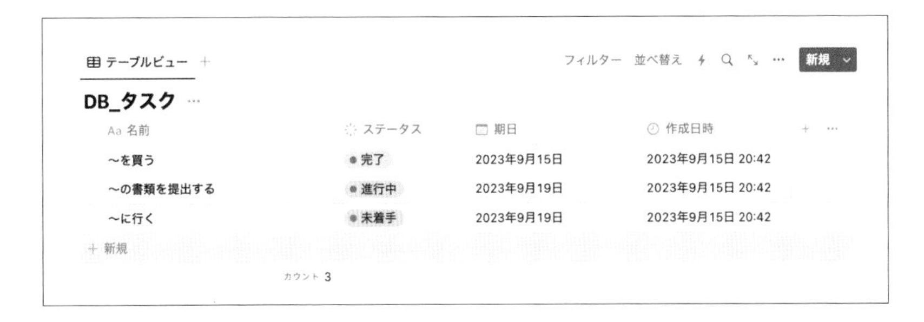

- 既存アイテムにポインタを置くと左側に表示される「＋」アイコンをクリック

4

アイテムの編集

データベースのアイテム（ページ）を開いて、編集してみましょう。

❶ テーブルビューの場合、編集したいアイテムにポインタを置くと「開く」アイコンが表示されるので、クリック

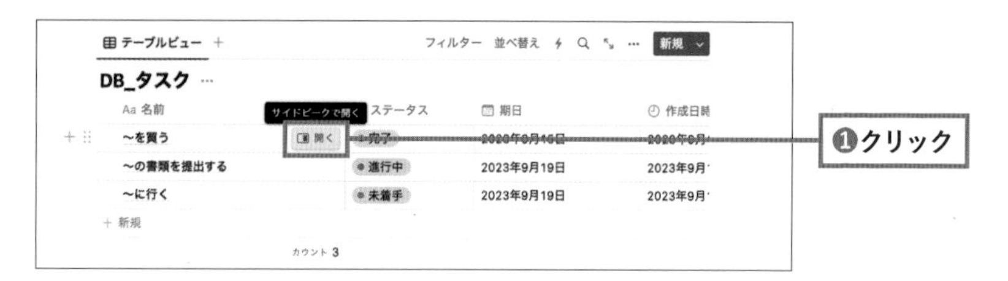

❷ アイテムのページが開く

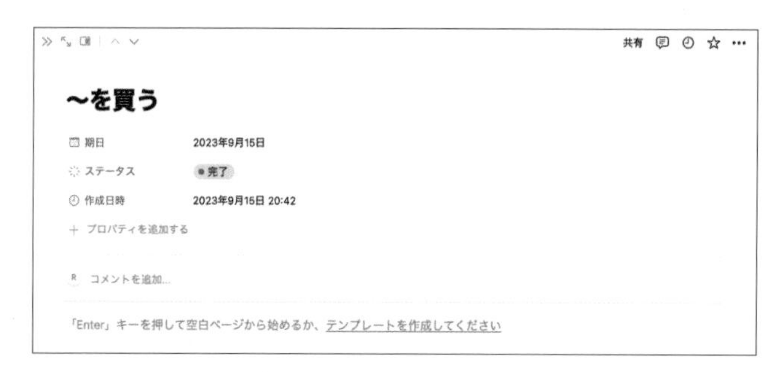

❸ 開いたページは、通常のページと同様に、ブロックのエリアに自由に記入できる

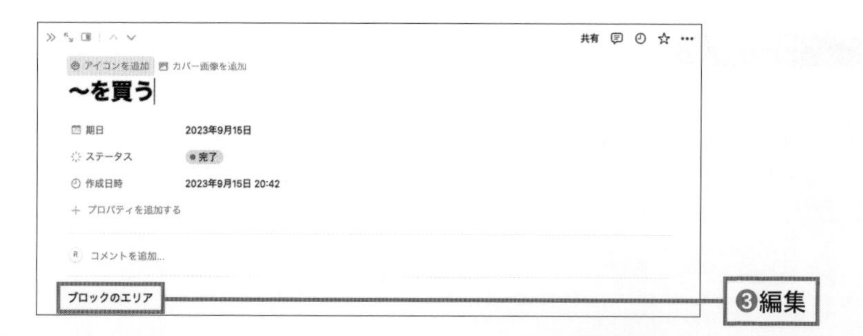

アイテムの削除・複製

データベースのアイテムを削除・複製する方法を解説します。

❶ テーブルビューの場合、削除または複製したいアイテムにポインタを置くと⠿アイコンが左側に表示されるので、クリック

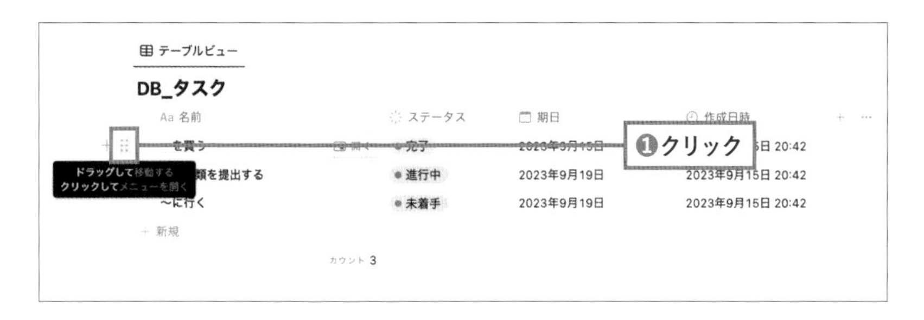

❷ 表示されたメニューから「削除」または「複製」をクリック

Check! アクションメニューの表示

テーブルビューを含む全てのレイアウト上で、各アイテムにポインタを合わせて右クリックを押すと、❷と同様のアクションメニューが表示されます。

アイテムの一括選択

データベース内のアイテムは一括選択でき、アイテムの削除、複製、プロパティの編集、ページアイコンの設定などをまとめて行うことが可能です。

❶ テーブルビューの場合、データベースの一番左上（プロパティ名の左の空白）にポインタを置くとチェックボックスが表示される。チェックすると表示中の全てのアイテムが選択される

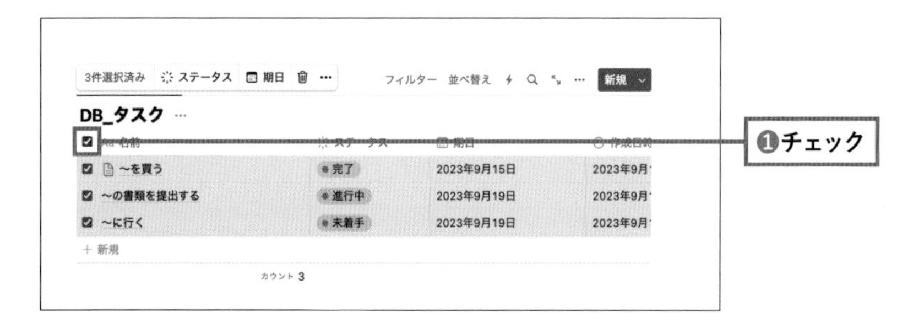

❷ ブロック左の⁝⁝アイコンをクリックするとメニューが表示されるので、行いたい操作を選択する

Check! 他のレイアウトでの一括選択

他のレイアウトで一括選択を行う場合、アイテム（ページ）をドラッグ&ドロップで選択し、右クリックすると、実行できるアクションメニューが表示されます。

プロパティの追加

ここではタスクを管理するデータベースを想定して、プロパティを追加していきましょう。

プロパティは、データベース内の全アイテムに対して共通の項目となります。下の画像のように、テーブルビューで設定するとわかりやすいです。

❶ データベースの列「名前」のテキストボックスをクリックし、追加したいタスクを入力(ここで入力したタスクの名前が各アイテムのページタイトルになる)

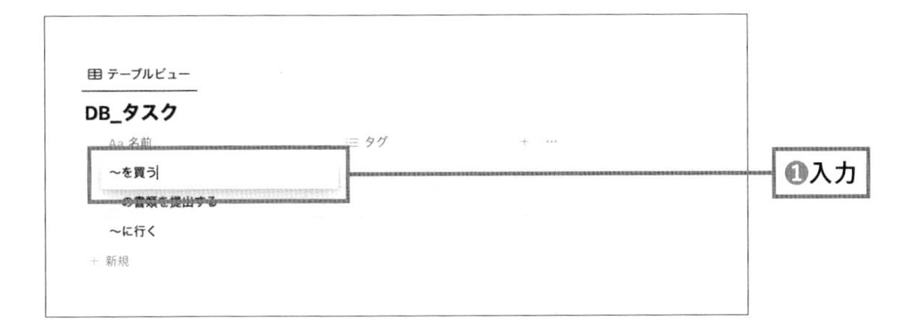

❷ データベースのプロパティ名の一番右にある「+」をクリック

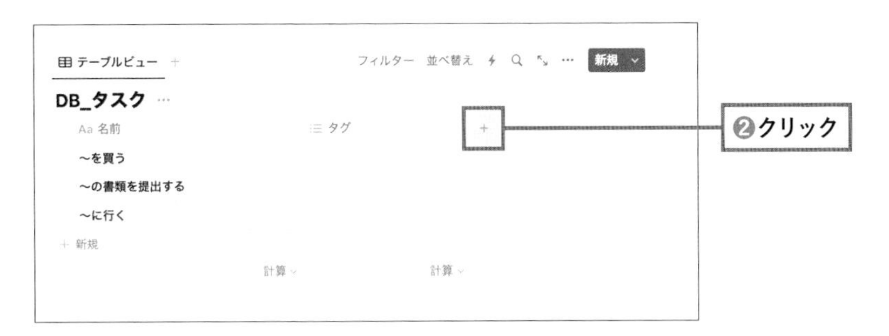

❸ データベースに設定できる全プロパティが表示される。設定したいプロパティをクリック（ここではタスクの期日を設定したいため「日付」プロパティを選択した）

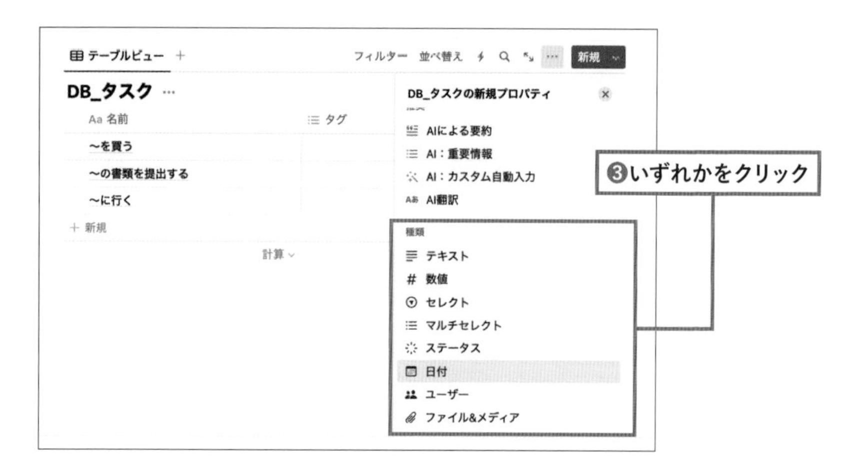

❹ プロパティの設定画面が表示される

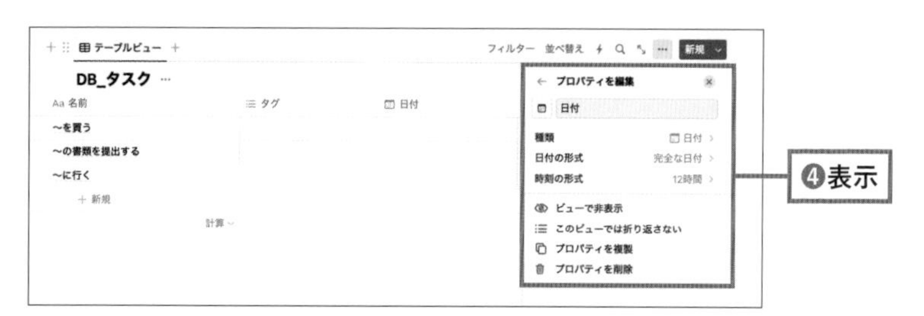

❺ デフォルトで「日付」と入力されているテキストボックスに、任意のプロパティ名を入力して変更する（ここでは「期日」と入力した）

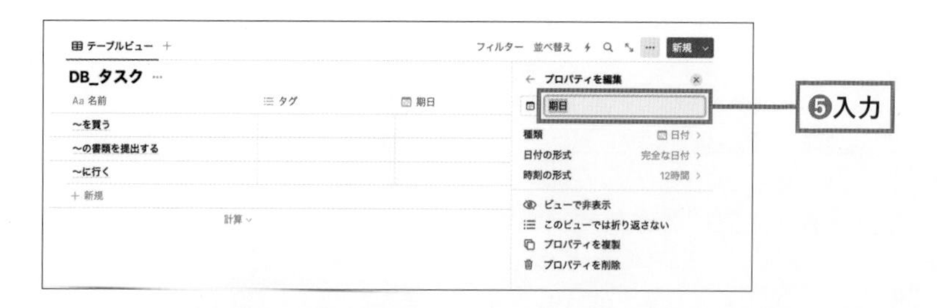

❻ 各アイテム（ページ）に応じた値を入力する（ここでは「期日」をカレンダーで選択し入力した）。プロパティの設定と入力が完了

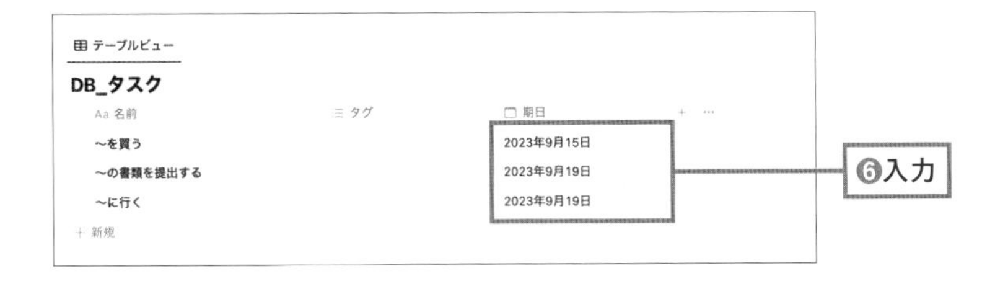

Check! 「タグ」プロパティは不要なら変更・削除してOK

「タグ」プロパティはデフォルトで入るので、プロパティを変更または削除してOKです。

❼ 各アイテム（ページ）は、「開く」をクリックして表示する

❽ 先ほど設定したプロパティが、各ページでも確認できる。新規プロパティ追加は、各ページの「+プロパティを追加する」からでも追加可能。プロパティの値もこの画面から入力することができる

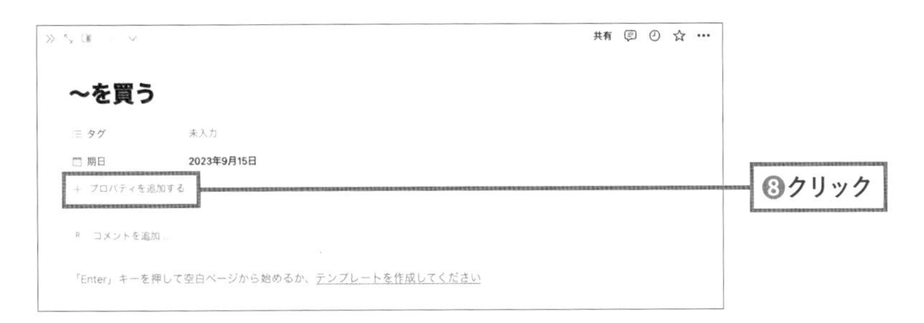

Check! 他のレイアウトでプロパティを編集する時

プロパティの設定はテーブルビューで行うのがおすすめですが、他のレイアウトからプロパティを入力したい場合は、データベース右上の…アイコンをクリック、「プロパティ」をクリックすると、編集画面が開きます。

プロパティの説明を追加

増えがちなプロパティに説明を追加することができます。特に、チームで利用する際におすすめの機能です。

❶ データベース右上の…アイコンをクリック
❷「プロパティ」をクリックし、説明を追加したいプロパティをクリック

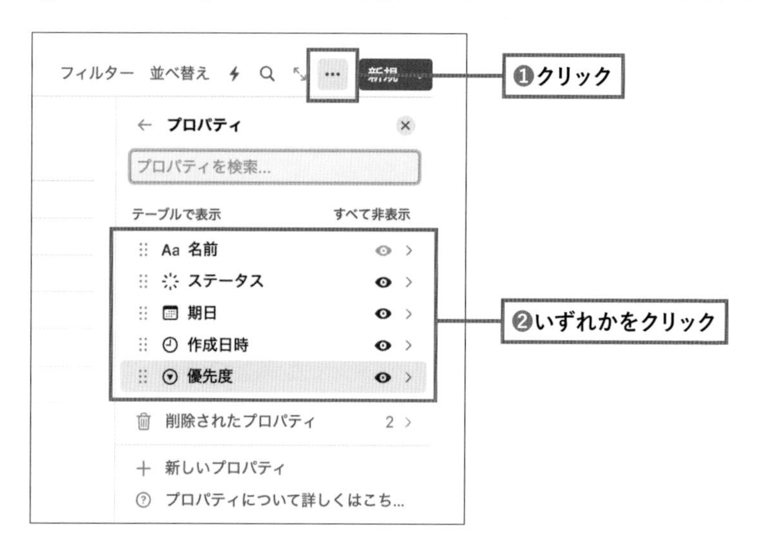

❸ プロパティ名の横に表示される ℹ アイコンをクリックするとテキストボックスが開くので、説明を追加

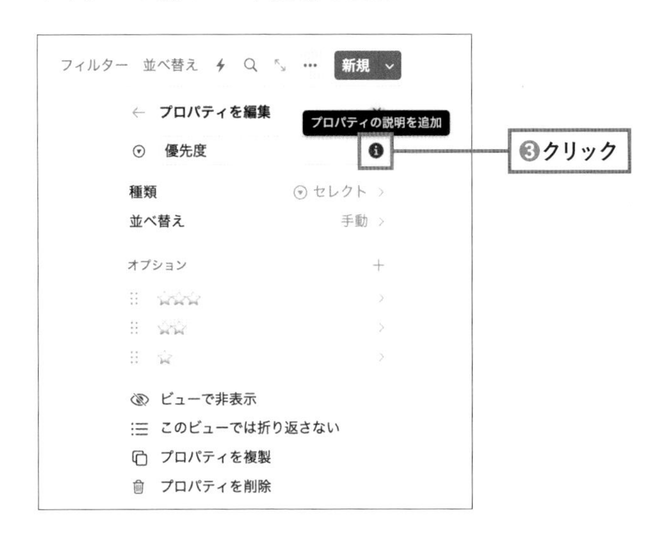

❹ 説明を追加すると、プロパティ名にカーソルを合わせた際に、ビューの説明が表示される。説明が追加されたプロパティは薄く ℹ アイコンが表示される

プロパティの編集・削除・複製・復元・表示と非表示

データベースの基本系であるテーブルビューを使って、プロパティ設定の基本的な操作を方法を確認しましょう。

プロパティの編集・削除・複製

❶ プロパティ名をクリックするとメニューが開く
❷ 行いたいアクションを選択する

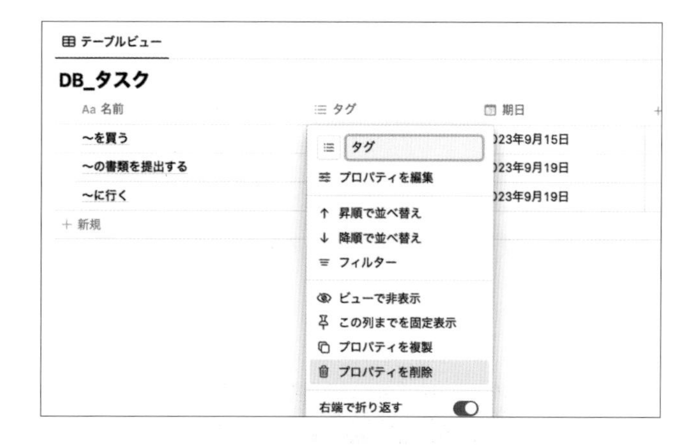

以下のようなアクションがあります。

- 「プロパティを編集」プロパティの編集画面が開く。別の種類のプロパティに変更することもできる
- 「プロパティを複製」同じ設定のプロパティが複製される。プロパティ名は「(既存プロパティ名) (1)」となるので、任意のプロパティ名に変更する
- 「プロパティを削除」プロパティが削除される

さきほど説明したように、プロパティは、データベース内の全アイテムに対して共通の項目となります。

このアクションでプロパティを削除すると、データベース内全ページで入力したプロパティのデータが削除されるので注意してください。

プロパティの復元

誤って削除したプロパティは、後から復元することができます。

❶ データベース右上の … アイコンをクリック
❷「プロパティ」を選択

❸「削除されたプロパティ」をクリック

❹ 復元したいプロパティの右にある[↶]アイコンをクリック

プロパティの表示・非表示

プロパティは非表示にすることができます。

例えば、プロパティとして作成日の記録は残したいが、いつも見えなくてもいいという場合に使えます。

この後解説する「ビュー」によっても、必要なプロパティは変わります。ビュー毎にプロパティの表示・非表示を変更できます。

また、ページを開いた際に表示されるプロパティの表示・非表示も変更できます。

ビューでのプロパティの表示・非表示の変更

ビューで必要なプロパティだけを表示することができます。

❶ データベースにポインタを置くと、右上に[…]アイコンが表示されるのでクリック

❷ 表示されるメニューから「プロパティ」をクリック

❸ プロパティが一覧表示されるので、非表示にしたいプロパティのをクリック

❹ をクリックすると、に画像が切り替わる

ページでのプロパティの表示・非表示の変更

ページを開いた時のプロパティの表示・非表示も選べます。

❶ 該当するプロパティ名をクリック

❷ プロパティの表示・非表示から選択

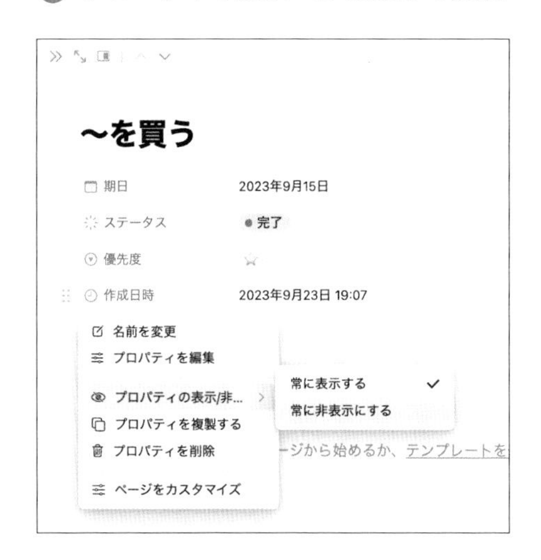

❸ 常に非表示に設定した場合、「さらに●件のプロパティ」をクリックすることで表示される

～を買う

期日 2023年9月15日

DB_プロジェクト プロジェクトA

ステータス 完了

さらに1件のプロパティ

Section 4 10

プロパティの種類

プロパティの種類

データベースで設定できるプロパティの種類を解説します。

名前

データベースを作成するとデフォルトで追加されるプロパティです。アイテムのタイトルで、「ページタイトル」でもあります。

テキスト

テキスト入力ができるプロパティです。そのページの説明などを簡単に入力したい時に使用しましょう。改行は Shift + Enter で可能です。

数値

数値を入力できるプロパティです。%や通貨、コンマ付きの数値などの表記をしたい時に使用しましょう。

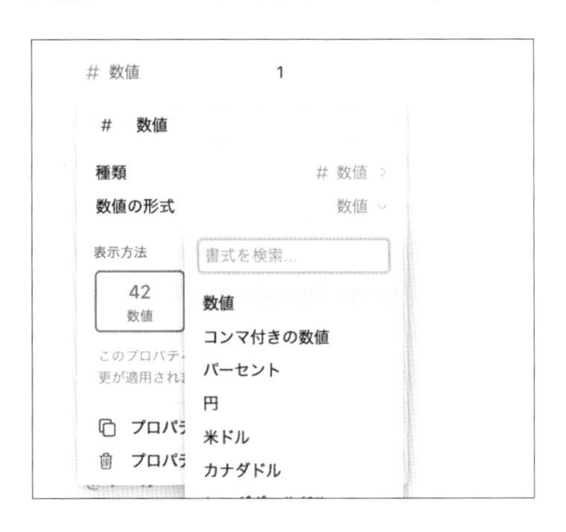

4

数値をバーやリングで表現することもできます。色も選べます。

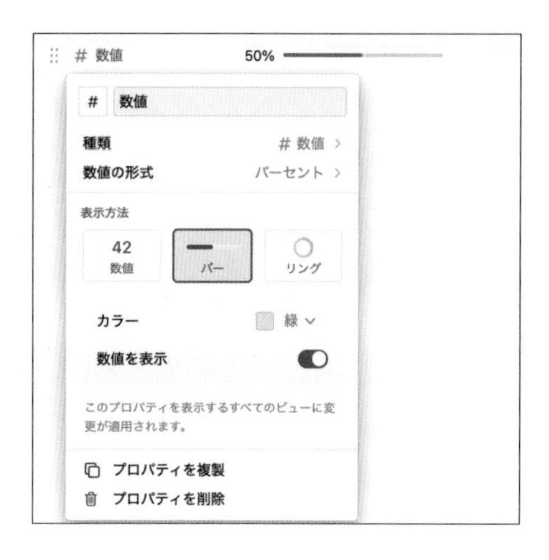

セレクト

カテゴリー分けに使えます。選択肢である「オプション」を設定し、1アイテム（ページ）に対して1つだけ選択できます。

・オプションの追加

プロパティを編集→セレクト→オプションの[+]マークから新規オプションを入力し[Enter]キーを押す

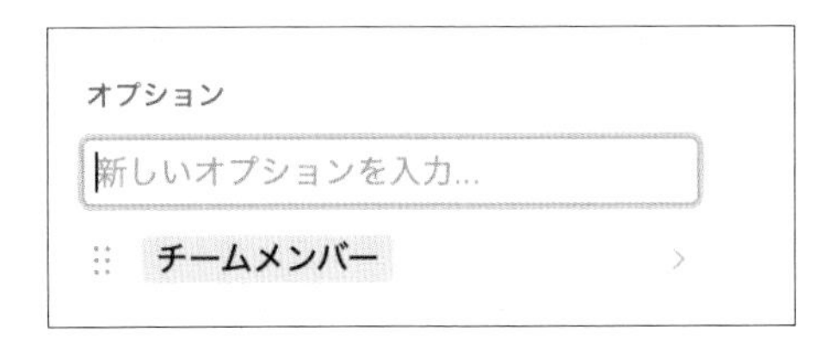

- **オプションの色変更**
  各オプションをクリックすると色選択が可能

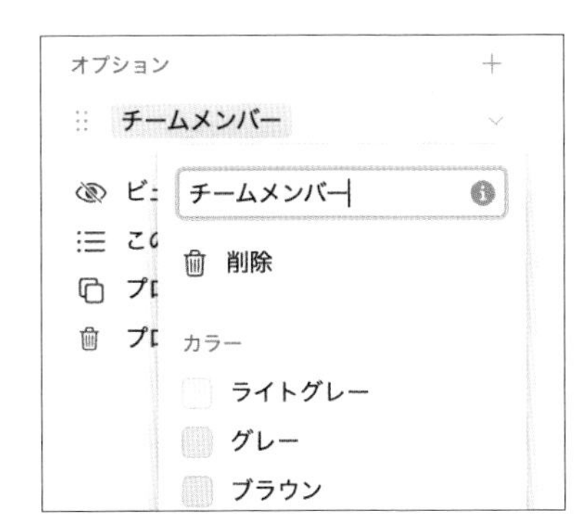

マルチセレクト

カテゴリー分けに使えます。選択肢である「オプション」を設定し、1アイテムに対して複数選択できます。

オプションの追加はセレクトと同じです。

ステータス

ステータスごとにグループ化されたタグのドロップダウンメニューです。つまり、このアイテムが現状どの段階にあるか？を判別させることができます。

例えば、タスクのデータベースで、「未着手」「進行中」「完了」などのステータスを入力するなどの使い方ができます。

Aa 名前	ステータス
～を買う	完了
～の書類を提出する	進行中
～に行く	未着手

日付

日時や期間を入力できます。通知が届くリマインダーの設定もできます。

ユーザー

ページに関連するユーザー（アカウント）を入力することができます。

ファイル&メディア

ページに関連するファイルをアップロードすることができます。

チェックボックス

シンプルなチェックボックスを設定することができます。

URL

ページに関連するウェブサイトのURLを入力できます。

メール

メールアドレスを入力できます。クリックするとメールクライアントが開きます。

電話

電話番号を入力できます。クリックすると、携帯やPCから通話ページが開きます。

数式

Notionでは数式（関数）を使うことができます。簡単なものから複雑なものまで非常に多くの数式があります。

簡単な数式

まずは、数値プロパティを使ってシンプルに足し算をしてみましょう。

❶ 数式で参照する数値をプロパティに入力
❷ 数式プロパティを作成

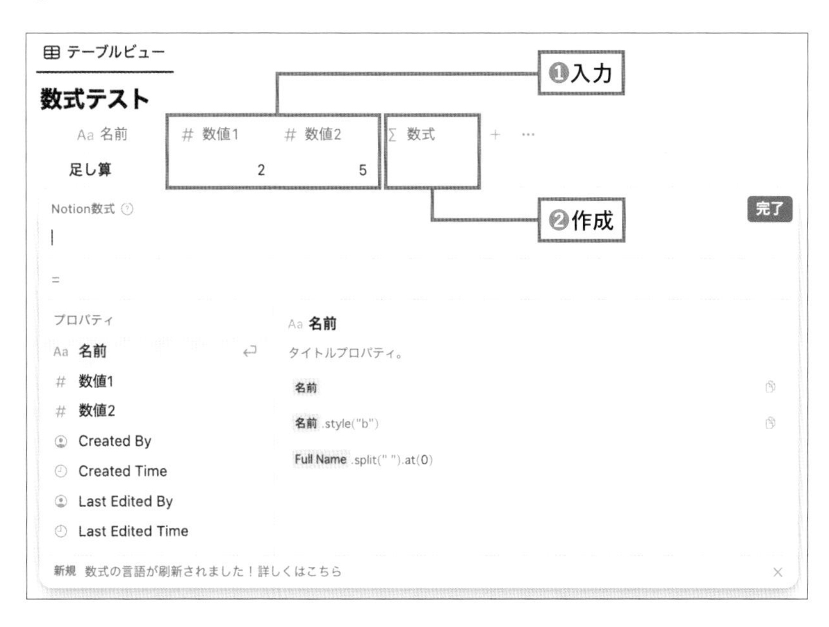

❸ プロパティの[数値1]+プロパティの[数値2]の数式を作成する。❷の画面の左のプロパティのメニューから[数値1]を選択、+キーを押し、[数値2]を選択。数式の下に答えの=7が表示されていることを確認し、右上の完了をクリックする

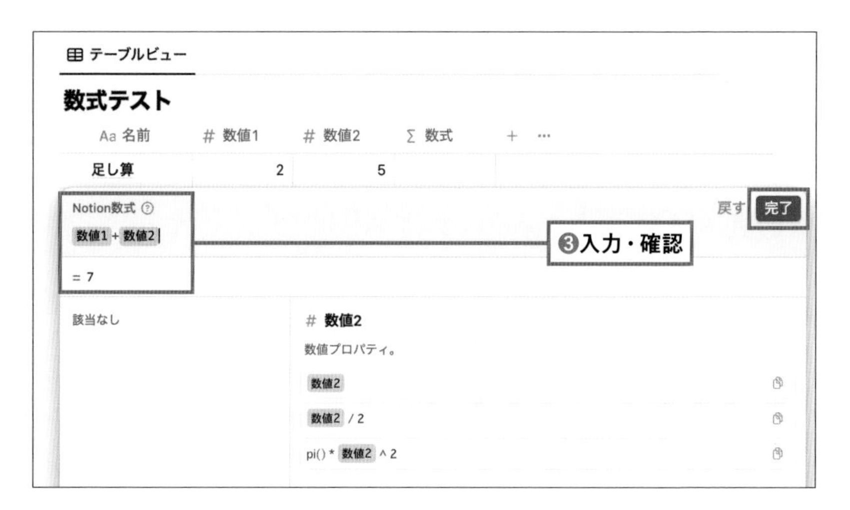

❹ 数式の結果、答えの =7 が数式プロパティに反映される

テーブルビュー

数式テスト

Aa 名前	# 数値1	# 数値2	∑ 数式
足し算	2	5	7

Check! 基本の四則演算で使う記号

足し算	+
引き算	-
掛け算	*
割り算	/

● 関数の例

Notionではさまざまな関数が使用できます。例えばこのように関数が使えます。

if(条件式, True, False)
条件式が真であればTrue、そうでない場合Falseを返す

下の画像の例は、『ステータスプロパティがDoneであれば☑、そうでない場合は▒』を表しています。

● 数式にテキストを追加

数式に「"テキスト"+プロパティ」などと入力することで、数式に文字列を入れることができます。

▼数式に文字列を入れるには、テキストを""で囲み、+で繋げる

ビューでプロパティを表示させる際、現状はテーブルビュー以外プロパティ名が表示されません。

そこで、数式プロパティを使い、表示用のプロパティを作成するとわかりやすくなります。

左下の画像は、各プロパティをビューに表示したものです。プロパティ名が表示されないので、わかりづらい場合があります。

右下の画像は、数式を使って各プロパティの表示用プロパティを作成し、ビューに表示したものです。項目名が表示され分かりやすくなりました。

リレーション

他のデータベースを関連づけて、相互参照することができます。（詳細はP.220を参照）

ロールアップ

リレーションで関連付けたデータベースのプロパティを表示・または集計します。（詳細はP.232を参照）

作成日時・作成者・最終更新日時・最終更新者

ページが作成・更新された日時と、作成・更新したユーザーが自動で入力されます。手動で編集することはできません。

ID

データベースのアイテム（ページ）ごとに一意のIDが付与されます。

AI関連のプロパティ

AIによるアイテム（ページ）の要約や翻訳などが行えます。（詳細は、Chapter7「Notion AIを使ってみよう」を参照）

▼データベースプロパティで利用できるAIメニュー

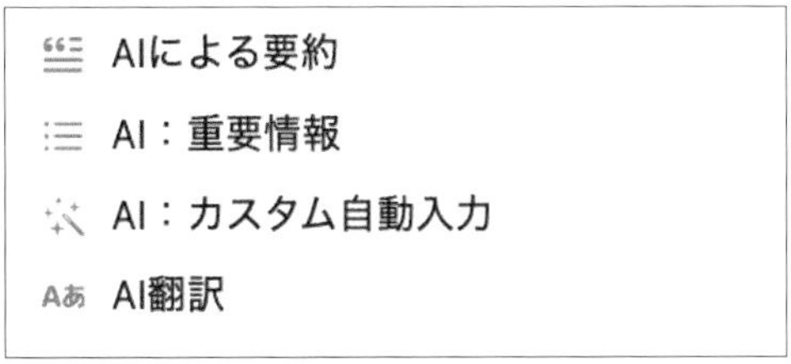

- AIによる要約
- AI：重要情報
- AI：カスタム自動入力
- Aあ AI翻訳

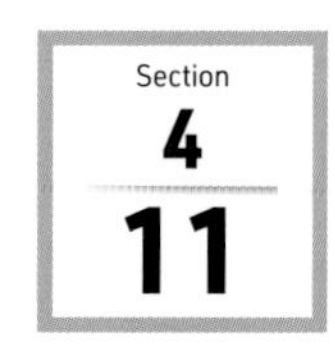

データベースのレイアウト

データベースは、目的に合わせて6種類のレイアウトで表示することができます。

この後のSectionで解説しますが、1つのデータベースから、さまざまな見せ方をすることができます。

ここではまず、各レイアウトの特徴を解説します。

テーブルビュー

データベースの基本となるレイアウトです。各列がプロパティ、各行がページです。データベース作成時や、プロパティを整理するとき、一括選択するとき、各列の合計値などを出したい時に便利です。

列固定や折り返し表示も可能です。

- **列固定ができる**

下の画像は、ページ名の右で列固定をした状態です。固定位置で薄いグレーの線が付きます。プロパティが多いデータベースでも見やすくすることができます。

設定方法：プロパティ名をクリック＞「この列までを固定表示」をクリック

▼ページ名を列固定した状態

テーブルビュー

DB_ギフトアイディア

Aa 名前	お祝い種別	# 値段	URL	商品種別
ALBUS（アルバス）｜毎日を宝ものに。ずっと残る家族のアルバム	出産祝い 記念日	¥5,000	https://albus.is/	サービス
ロースーク【公式】オーガニックおやつのオンラインショップ	記念日 誕生日	¥4,000	https://www.rawsoı	ケーキ
ましかくフォトフレーム｜ALBUS（アルバス）	記念日 出産祝い 結婚祝い	¥3,000	https://albus.is/stoı	雑貨
コーヒーのサブスク・定期便 | PostCoffee(ポストコーヒー)	誕生日 お礼		https://postcoffee.ı	サービス

・**列ごとの計算ができる**

テーブル下部にカーソルを合わせると、プロパティに応じて合計や割合などの計算ができます。各プロパティ列の最下部に表示されている「計算」をクリックすると、さまざまな計算方法が選択できます。

例：チェックプロパティの計算

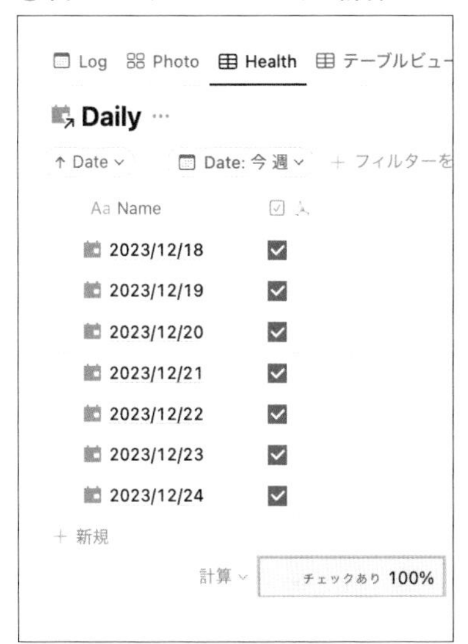

ギャラリービュー

カードが一覧表示されるレイアウトです。画像をメインに見せたい時に便利なレイアウトです。

・**カードの大きさは3種から選べる**

設定方法：[…]アイコン＞「レイアウト」＞「カードサイズ」

▼小

▼中

▼大

- **カードのプレビューに表示する画像の参照元を選ぶ**

カードのプレビュー画像は、①ページカバー②ページコンテンツ③ファイル＆メディアプロパティから参照可能です。画像表示なし＆プロパティ名だけ表示させ、シンプルなカードにすることもできます。

設定方法：[…]アイコン > 「レイアウト」 > 「カードプレビュー」 から選択

プレビューの表示位置を調整する

画像の位置を調整することができます。プレビュー画像右上の「表示位置を変更」をクリックすると、画像をドラッグして動かせるようになります。調整後「表示位置を確定」をクリックします。

- **画像全体を表示する**

プレビュー画像はデフォルトでは自動的にトリミングされますが、画像の全体を表示することもできます。

設定方法：[…]アイコン＞「レイアウト」＞「画像を表示枠のサイズに合わせる」をオンに

- **プロパティの折り返し**

プロパティは折り返しの表示ができます。

設定方法：[…]アイコン＞「レイアウト」＞「全プロパティを右端で折り返す」をオンに

▼折り返しオフの状態

▼折り返しオンの状態

リストビュー

データベースの中で、見え方が一番シンプルなレイアウトです。タイトルや、任意のプロパティが表示されます。メモやリストなどに便利なレイアウトです。

ボードビュー

タスク管理など、進捗を管理するのに便利なレイアウトです。カードを指定のプロパティに基づいてグループ化して表示できます。ドラッグ&ドロップでカードを移動することでプロパティを変更することができます。

- **サブグループの設定が可能**

　ボードビューはサブグループの設定が可能です。詳細は「アイテムのグループ化」で解説します(P. 202)。

- **背景色をつける**

　グループ毎に背景色をつけることができます。

全タスク　ボードビュー
DB_タスク
未着手 1　進行中 1　完了 1
～に行く　～の書類を提出する　～を買う
+ 新規　+ 新規　+ 新規

　設定方法：[…]アイコン＞「レイアウト」＞「列の背景色」をオンに

- **カードサイズの変更**

　カードサイズは大中小の3種から選択できます。

　設定方法：[…]アイコン＞「レイアウト」＞「カードサイズ」から選択

- **カードにプレビュー画像をつけることが可能**

　ギャラリービューと同様、①ページカバー②ページコンテンツ③ファイル＆メディアプロパティから参照可能です。

設定方法：…アイコン＞「レイアウト」＞「カードプレビュー」から選択

タイムラインビュー

ガントチャート形式の表示方法です。期間に応じてカードの長さが変わります。プロジェクト管理など、全体の流れを見やすくするレイアウトです。時間・日・週・月・年など表示を切り替えることができます。ドラッグ＆ドロップでスケジュールを移動したり、ドラッグで延長することができます。さらに「依存関係」を設定すると、ページ同士の前後関係がオレンジ色の矢印で表示されます。

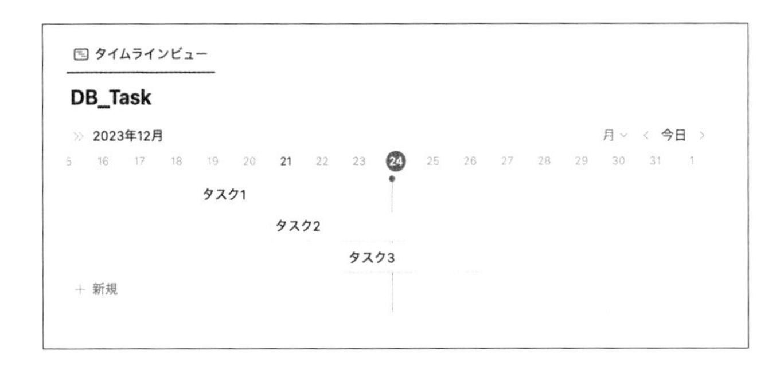

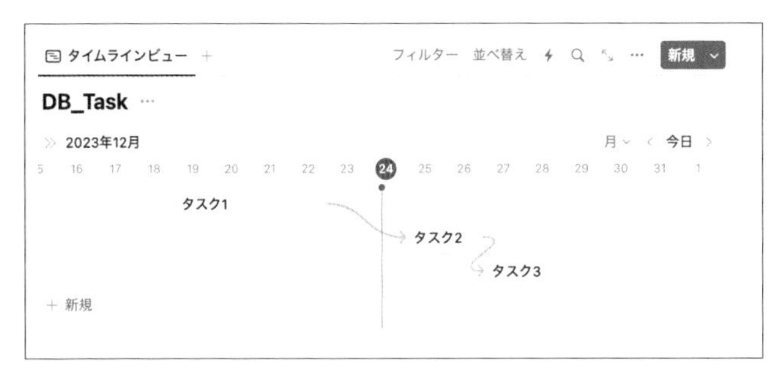

表示期間の切り替え

タイムラインは、時間・日・週・隔週・月・四半期・年と切り替えが可能です。データベース右上から切り替えます。（この画像では現在月表示のため、月をクリックすると他の選択肢が表示される）

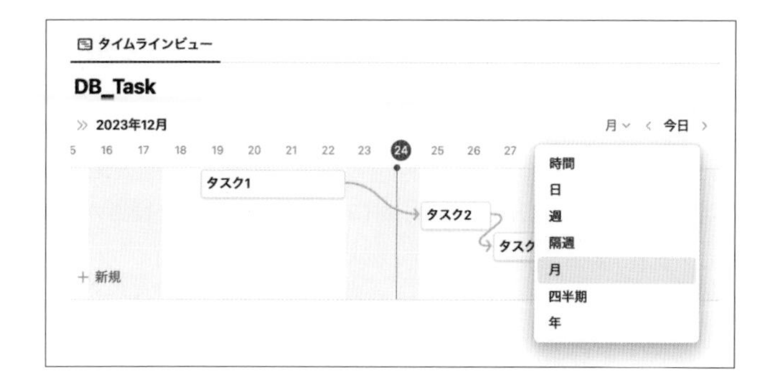

アイテムの期間の変更

カードをドラッグ&ドロップすると日程を移動できます。カードの端をドラッグで期間延長することが可能です。

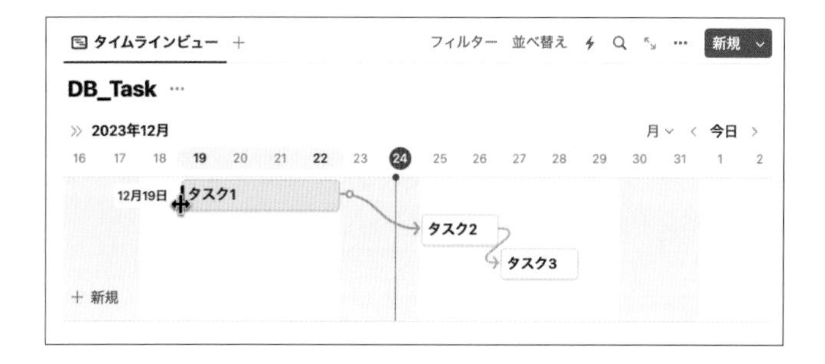

テーブルの表示・非表示

タイムラインにテーブルを併せて表示することができます。

Check! テーブル表示の注意

テーブル表示するには、全幅表示できる場所に置く必要があります。つまり、複数列での配置または他のブロック下での配置の場合、テーブル表示ができません。

設定方法：…アイコン＞「プロパティ」＞「テーブル」＞「テーブルを表示」をオン＞表示するプロパティを選択

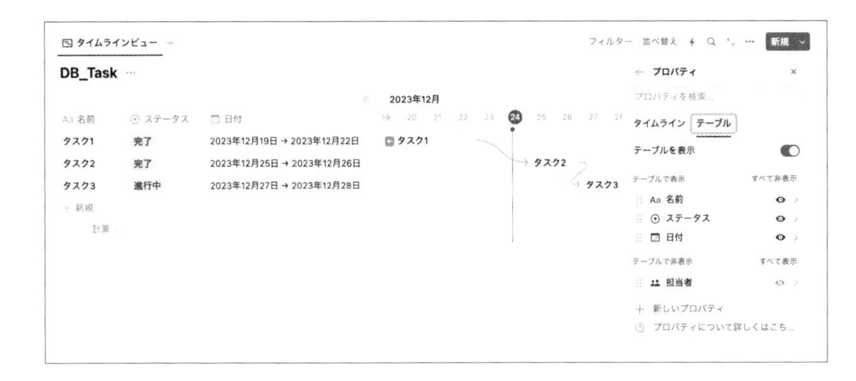

拡大

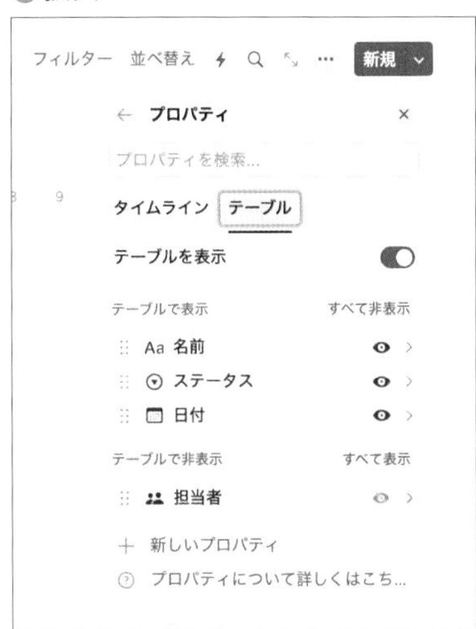

- **依存関係**

タイムラインビューでは、同じデータベース内にあるアイテム（ページ）同士の依存関係を設定できます。例えば、「タスク1の終了後にタスク2を進行」などの管理ができます。P.242「依存関係」で解説します。

カレンダービュー

カードがカレンダー上に表示されます。週・月表示が可能です。予定や日記などに利用すると便利なレイアウトです。ドラッグ&ドロップで日付変更が可能です。

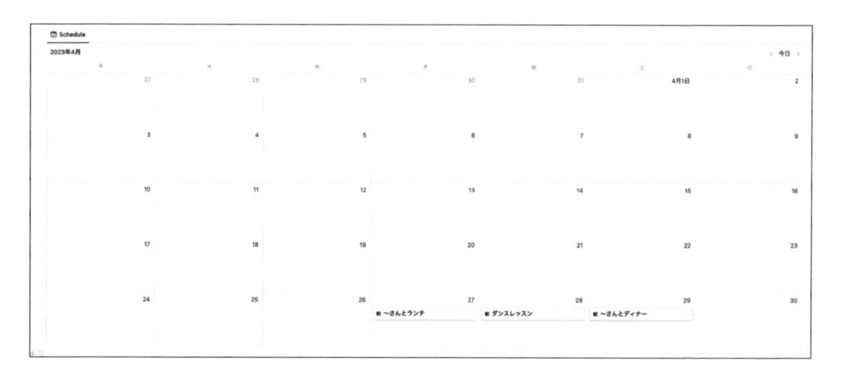

- **日曜日はじめ、月曜日はじめの選択ができる**

設定方法：サイドバー＞「設定」＞「言語と地域」＞「週の始めを月曜日にする」でオン/オフ選択

- **月・週の変更ができる**

設定方法：…アイコン＞「レイアウト」＞「カレンダーの表示方法」から選択

▼週表示

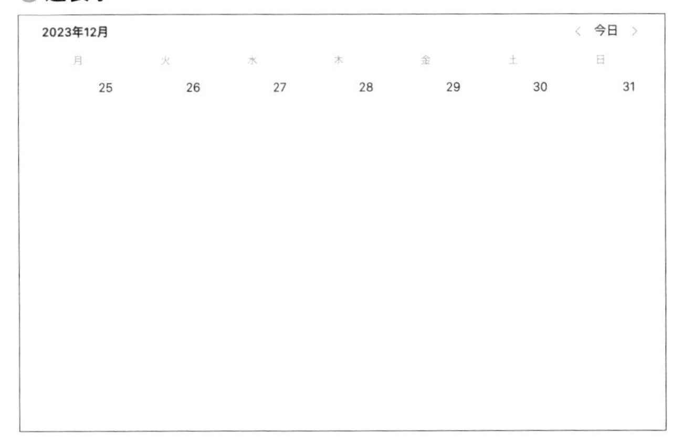

アイテムの開き方の変更

データベースのアイテム（ページ）をクリックした際にページが開きますが、開いた時の見え方を変えることができます。「サイドピーク」「ポップアップ」「フルページ」の3種類から選択できます。

▼サイドピーク

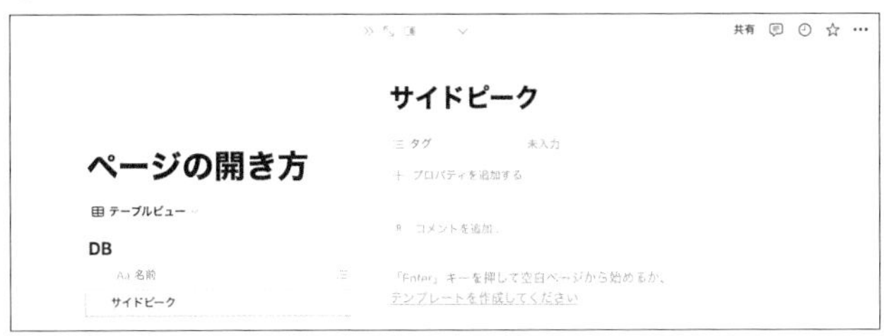

▼ポップアップ

フルページ

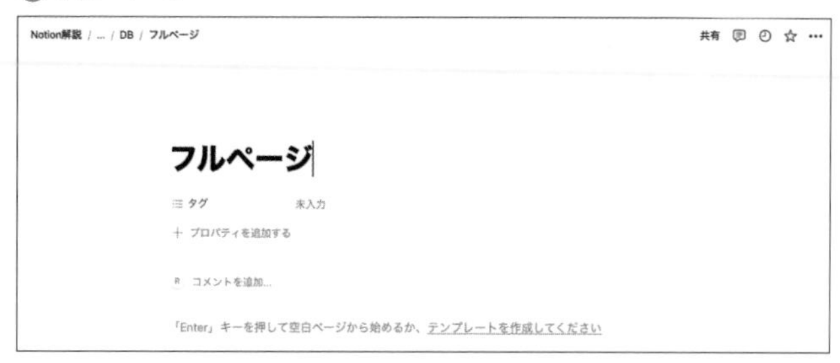

❶ データベース右上の[…]アイコンをクリック
❷「レイアウト」をクリック
❸「ページの開き方」をクリック
❹ 表示されるメニューから「ページの開き方」をクリック
❺「サイドピーク」「ポップアップ」「フルページ」いずれかを選択

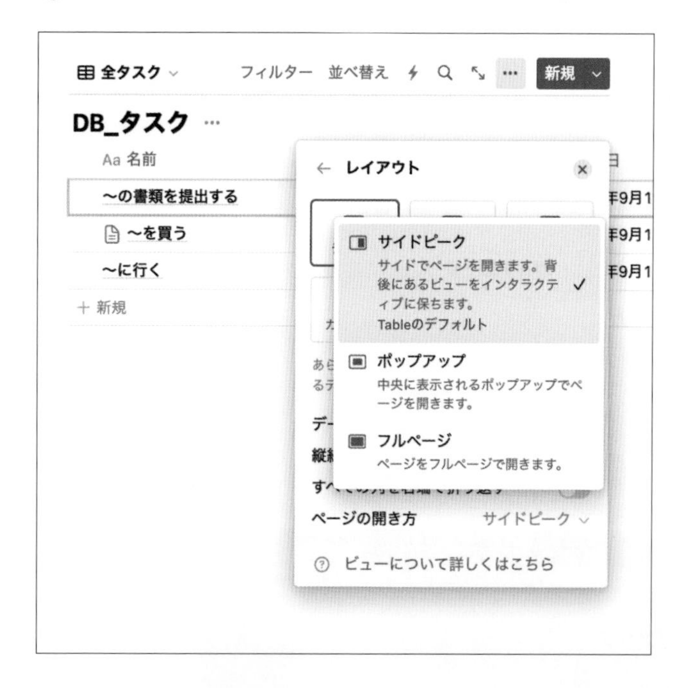

ビューの設定

データベースは、ビューを切り替えることでさまざまな見せ方をすることができます。

1つのデータベースに対して複数のビューを設定でき、ビューごとにレイアウトを変えたり、プロパティをフィルタリングしたりすることが可能です。

使う状況や使う人に応じて見せ方を変えることができるのが、ビューです。

ビューの使用例

例として、タスクを管理するデータベースをさまざまなビューで見てみましょう。

「DB_タスク」という1つのデータベースから、4つのビューが作成されています。

▼全タスク一覧のテーブルビュー

ステータスプロパティを基準に表示させるボードビュー

全タスク　ステータス別　期日順　カレンダービュー

DB_タスク

未着手 1	進行中 1	完了 1
～に行く 2023年9月19日	～の書類を提出する 2023年9月19日	～を買う 2023年9月15日
＋ 新規	＋ 新規	＋ 新規

日付プロパティを基準に、期日順に並び替えたテーブルビュー

全タスク　ステータス別　期日順　カレンダービュー

DB_タスク

Aa 名前	ステータス	期日	作成日時
～を買う	完了	2023年9月15日	2023年9月23日 19:07
～の書類を提出する	進行中	2023年9月19日	2023年9月23日 19:07
～に行く	未着手	2023年9月19日	2023年9月23日 19:07

＋ 新規

カレンダーをベースとしたカレンダービュー

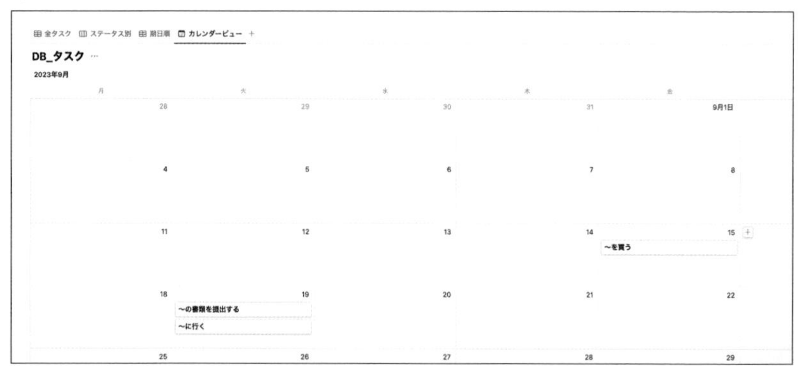

このように、フィルタリングやレイアウトで見せ方を工夫することで、条件に応じてさまざまな見せ方をすることができます。

新規ビューの作成

データベース左上の既存のビュー右に表示される＋をクリックし、任意のレイアウトを選択したら「完了」ボタンをクリックしましょう。ビュー名には任意の名前をつけることができます。

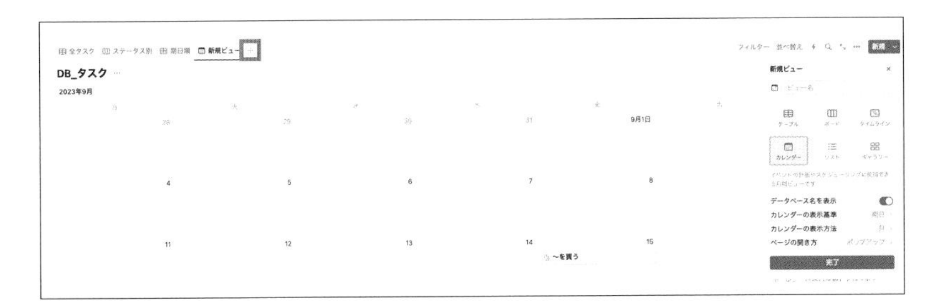

ビューの並べ替え

ドラッグ＆ドロップで左右に動かし、並べ替えできます。

ビューの編集

ビュータイトルをクリックすると、名前の変更、複製、削除などができます。

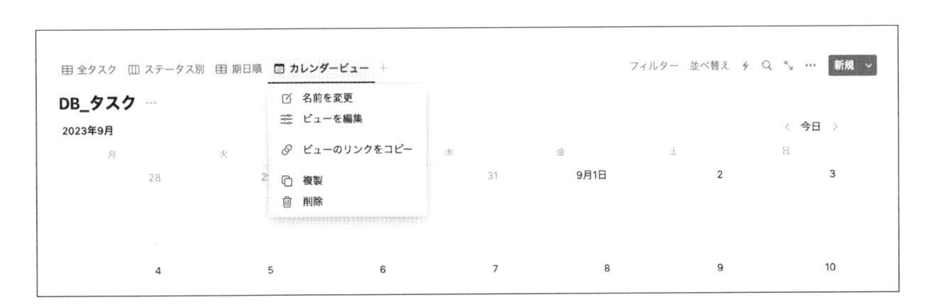

ビューの説明を追加

増えがちなビューに説明を追加することができます。特にチーム利用におすすめの機能です。

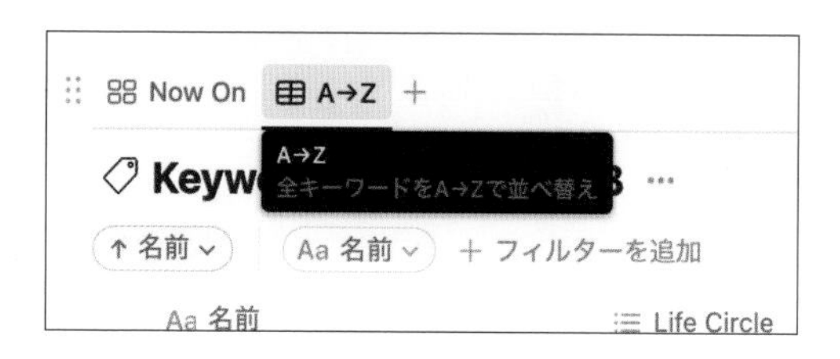

❶ ビューをクリック＞ビューを編集

❷ ビュー名の横の🛈アイコンをクリックし説明を追加

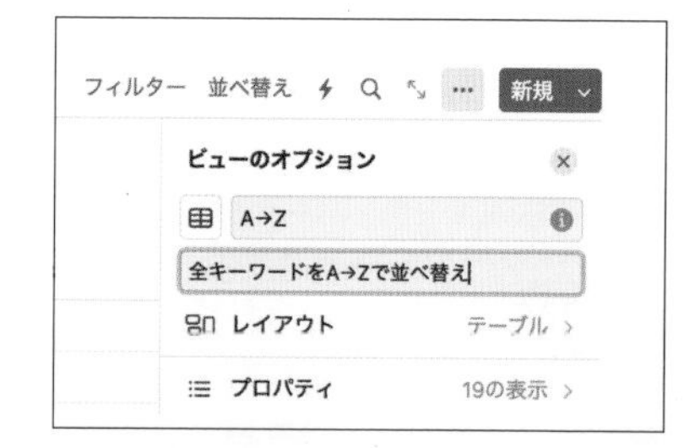

③ ビューにカーソルを合わせた際に、ビューの説明が表示される

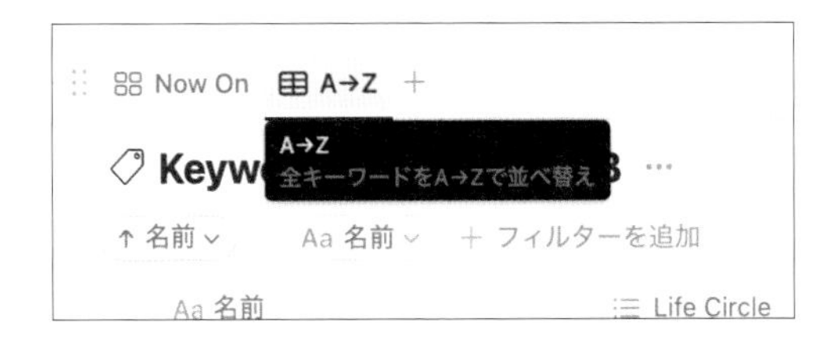

ビューでの検索

ビュー右上の検索バーから、データベースのアイテムを検索することができます。データベース内の検索は、ページ名とプロパティのみが対象になります。

アイテムの並べ替え

データベースのアイテムは、プロパティのデータを基準にして並べ替えることができます。例えば、タスクを期日順や優先度順に並べ替えて使うことができます。

アイテムを並べ替える

❶ データベース右上の「並べ替え」をクリック
❷「並べ替え基準」を選択するメニューが表示される。今回は「期日」をクリック

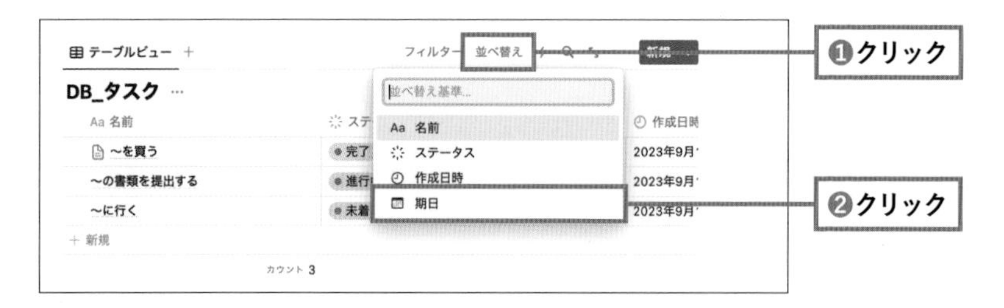

❸ 並べ替えの詳細を設定できるメニューが表示される
❹ 設定した並べ替え条件を保存したい場合は、「このフィルターを保存」をクリック

並べ替えを削除するには、並べ替え基準のタブをクリック→×アイコンの「並べ替えルールを削除」をクリックします。

Check! その他の操作方法

下記の方法でも並べ替えができます。

・データベース右上の[…]アイコンをクリックして「並べ替え」を選択
・テーブルビューの場合は、プロパティ名をクリック。

4

アイテムのフィルタリング

データベースのアイテムは、プロパティの値をもとにフィルタリングすることができます。必要な項目だけを表示することができます。

アイテムをフィルタリングする

❶ データベースにポインタを置くと右上に表示される、「フィルター」をクリック
❷ プロパティ一覧が表示されるので、フィルタリングの基準としたいプロパティをクリックする。（今回は「ステータス」をクリック）

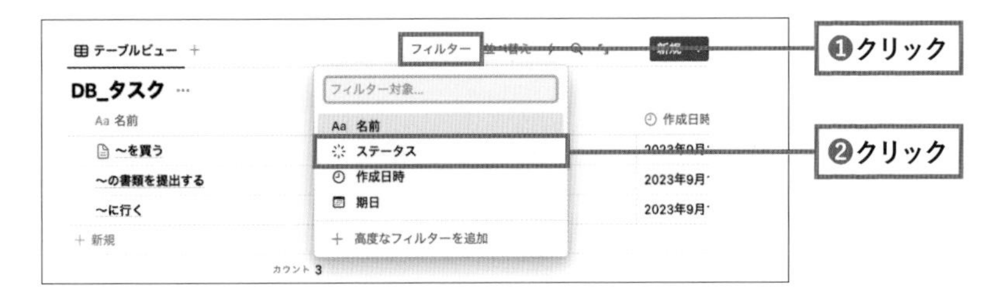

❸ 絞り込みたいプロパティの値を入力またはクリック（❷でクリックしたプロパティによって表示されるメニューが異なる）
❹ 条件を保存したい場合、「このフィルターを保存」をクリック

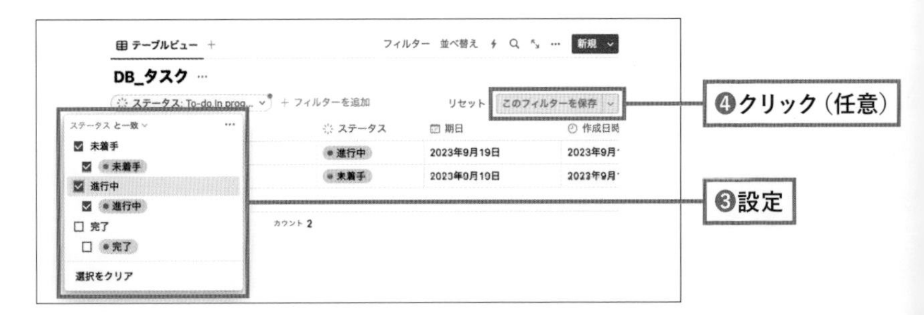

フィルターを削除するには、フィルターのタブをクリック→[…]アイコンをクリック→「フィルターを削除」をクリックします。

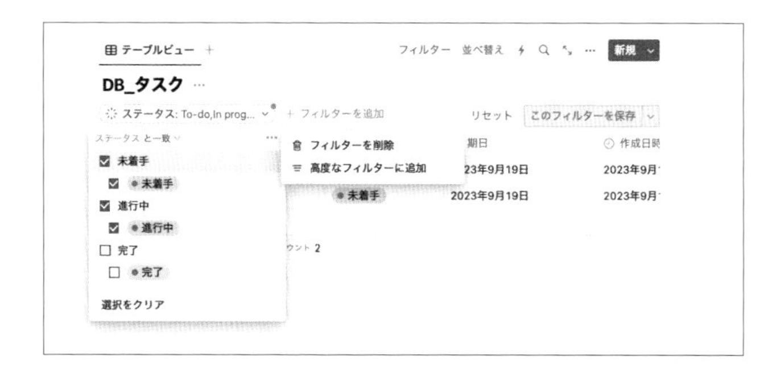

Check! その他の操作方法

下記の方法でもフィルタリングできます。

①データベース右上の[…]アイコンをクリックして「フィルター」を選択

②テーブルビューの場合は、プロパティ名をクリック

4

アイテムのグループ化

データベースのアイテムは、プロパティの値を基準にし、グループ化して表示することができます。(※ただし、カレンダービューは除く)

グループ化の設定

❶ データベースにポインタを置くと右上に表示される、[…]アイコンをクリック

❷ 表示されるメニューから「グループ」をクリック

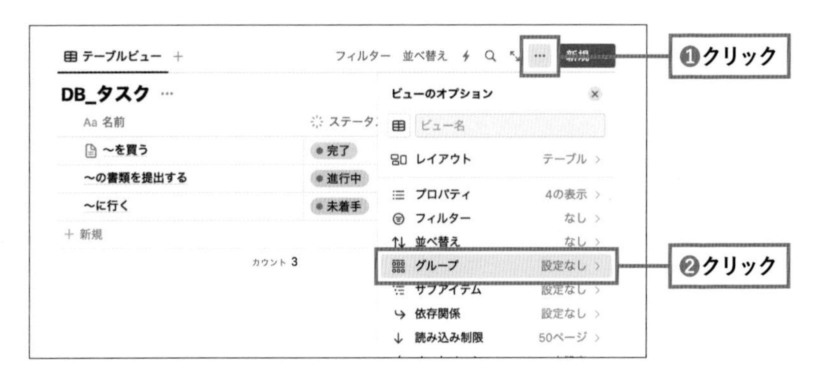

❸ データベースに設定したプロパティ一覧が表示されるので、グループ表示したいプロパティをクリック。(今回は「ステータス」別に表示したいので「ステータス」をクリック)

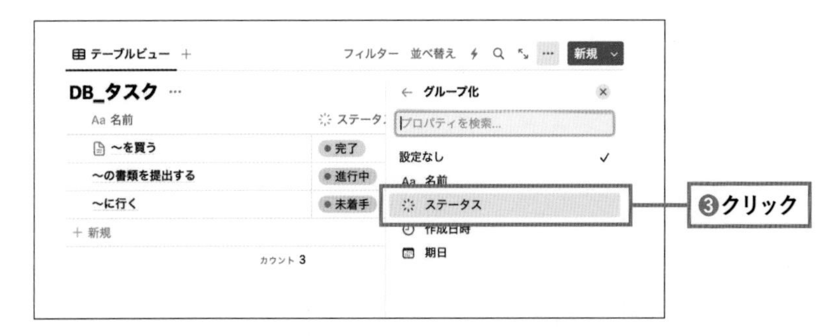

❹ 選択したプロパティ毎にグループ化される

ボードビューのサブグループ

ボードビューはもともとグループ毎に表示されるビューですが、サブグループも設定でき、2つの軸で表示できます。

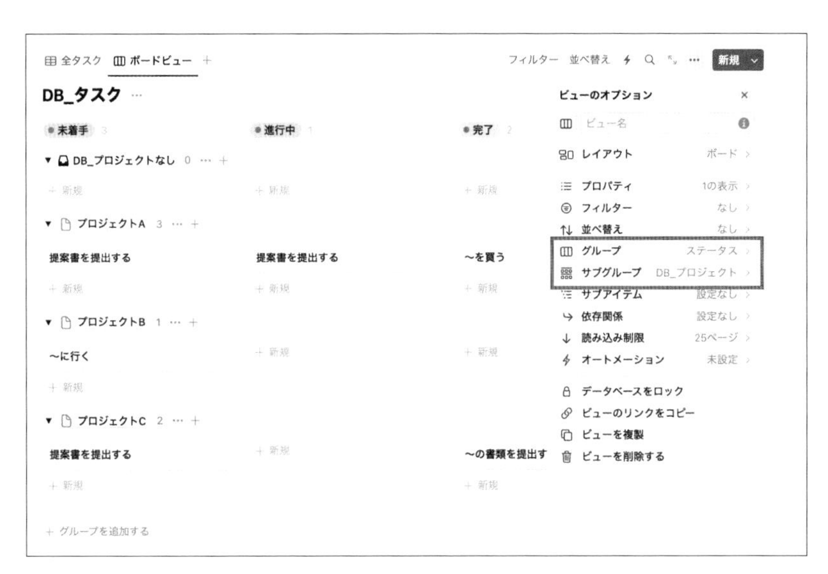

リンクドビュー

リンクドビューは、1つのデータベースの情報を、どこからでも（同じページ・別のページ）表示させることができる機能です。

「リンクドビュー」とは、つまり「大元のデータベースにリンクされたビュー」を作成する機能です。（大元のデータベースは、マスターデータベース、オリジナルデータベースなどとも呼ばれています）

例えば、下記のような場合に使われます。

- タスクのデータベースは、タスクを管理するページ内だけではなく、目立つようにトップページに表示させたい
- 同じデータベースから、フィルタリングなどの見せ方を変えて左右上下に並べて確認したい
- 複数のデータベースを参照し、ビューを切り替えたい

特典のテンプレートをどれでも良いので見てみてください。テンプレートを開いてすぐ見えるのは、実はすべてリンクドビューです。リンクドビューで参照しているマスターデータベースは、ページの一番下にあります。

リンクドビューの作り方

❶ ブロックに「/linkedview」または「；リンクドビュー」と入力
❷ 表示されたメニューから「データベースのリンクドビュー」をクリック

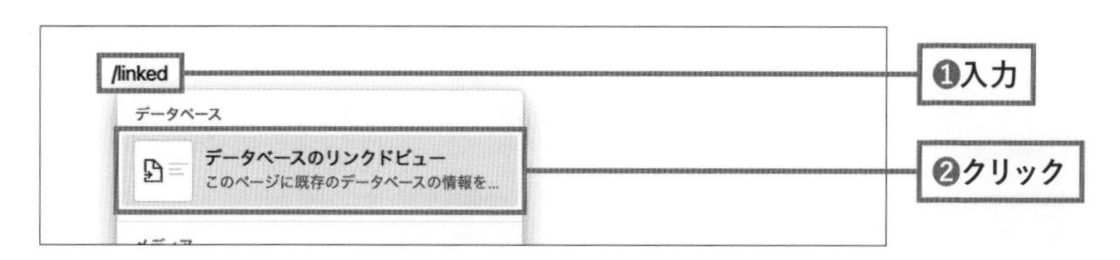

❸ 右側にメニュー「データソースを選択する」が表示される
❹ リンクドビューで参照したいデータベース（マスターデータベース）を選択する

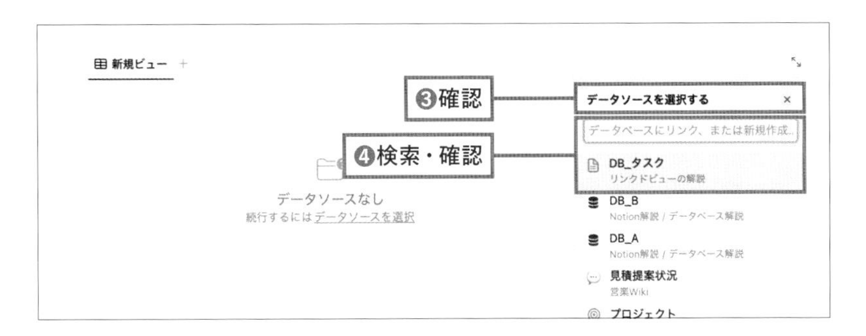

❺ マスターデータベースで作成した既存のビューをコピーするか、新規の空のビューを追加する

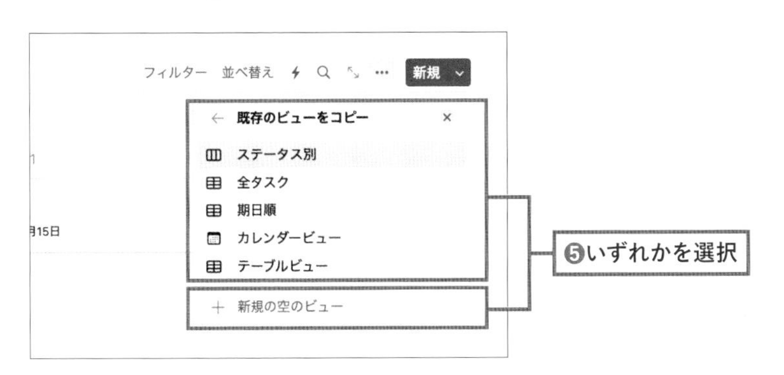

これで、リンクドビューが作成されました。

リンクドビューとオリジナルデータベースの見分け方

下の画像は「リンクドビュー」と、その元となる「マスターデータベース」を並べた画面です。ほぼ同じような見た目です。

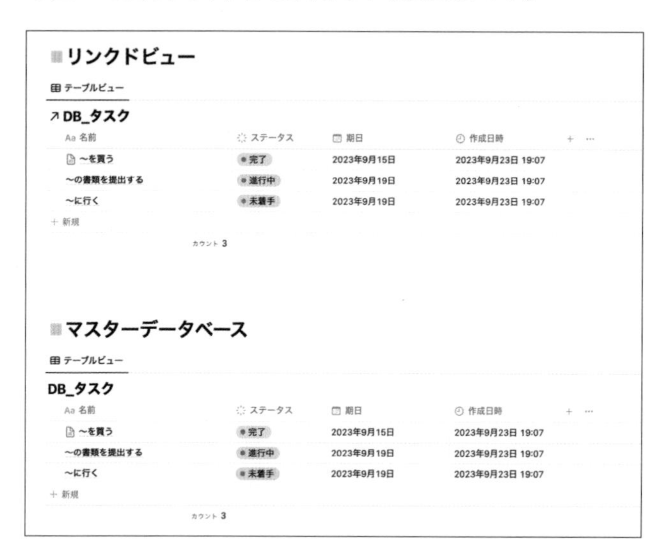

見分け方の1つ目の目印として、データベース名の先頭に↗アイコンがある場合は、リンクドビューです。

（既にアイコンが設定されたデータベースでは、アイコンの右下に小さく表示されます。）

ステータス別　期日順
↗DB_タスク

ステータス別　期日順
DB_タスク

ただし、テンプレートなどでは視認性を良くするためにデータベース名とこのアイコンが非表示にされていることも多いです。

そこで確認するのが、2つ目の目印です。データベース右上の…アイコンをクリックすると確認できます。リンクドビューの場合は、「ソース」と表示されています。ソース、つまり参照元のデータベースを選択する必要があるので、このように表示されます。

リンクドビューはマスターデータベースと同期している

リンクドビューは、元の分身のようなものです。元にアクセスできるという点では、パソコンのフォルダやファイルへのショートカットにも近いイメージです。

マスターデータベースとリンクドビューの中身は同期しています。そのため、分身の中のページやデータが消えると、元も消えます。

どちらかのデータベースアイテムを削除してみましょう。

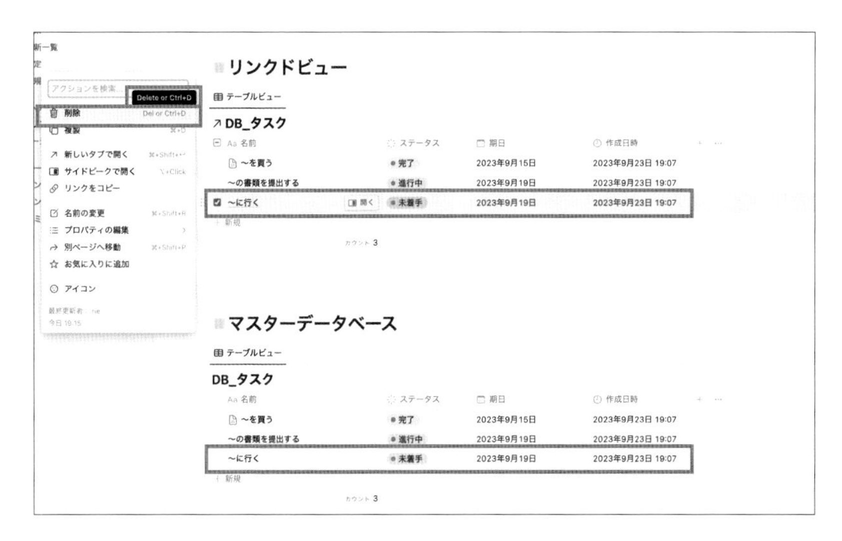

もう一方のアイテムも消えました。

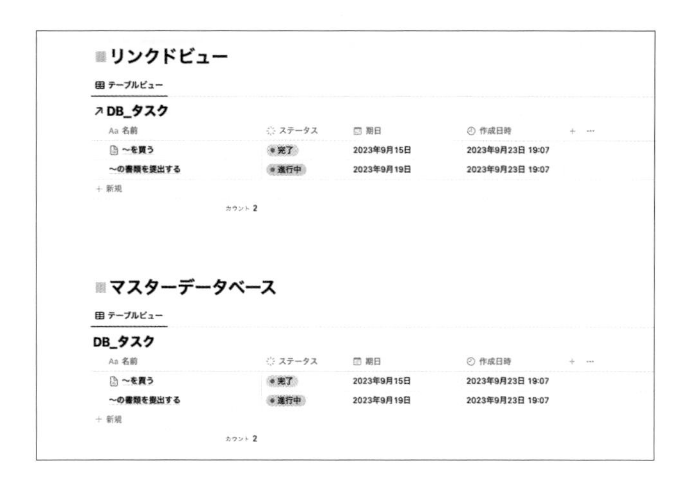

リンクドビュー自体を消しても、元のデータベースに影響はありません。パソコンのフォルダへのショートカットを消しても、オリジナルに影響がないのと同じようなイメージです。

リンクドビュー自体を消してみましょう。

マスターデータベースには影響がないことがわかります。

マスターデータベースを削除してしまうと、ゴミ箱に入ってしまうので注意しましょう。

試しにマスターデータベース自体を削除してみます。

リンクドビューからアイテムを開くと、「このページはゴミ箱にあります」と表示されました。

マスターデータベースはわかりやすいところに置く

これまで見てきたとおり、データベースをインラインで作成すると、ページ内に複数のデータベースを作ることができます。そのため、リンクドビューがページ内外に複数ある場合、どれが元のデータベースか?ということがわかりにくくなることがあります。

どちらも見た目が似ていますし、データベースはさまざまな見せ方ができるので、1ページ内に複数のデータベース表示があったら混乱しますよね。

リンクドビューのつもりで誤ってマスターを削除してしまうというようなリスクも生じます。

そのため、**マスターデータベースは、どこにあるかを明確に**しておきましょう。

私の場合は、ページ最下部にトグルブロックを作成し、その中にマスターデータベースを格納することが多いです。そして日常的な操作はリンクドビューから行うようにしています。

もしくは別のページにマスターデータベースをまとめて置いておき、リンクドビューを使って呼び出すのもおすすめです。特にデータベースを複数人で使う方は、P.245の「Wiki」も参考にしてください。

▼わかりやすいように、ページの一番下にマスターデータベースを置いている

データベース名の表示について

データベース名は非表示にすることができます。テンプレートなどでも、シンプルに見せるために非表示にされていることがよくあります。表示・非表示について確認しておきましょう。

データベース名を非表示にする方法

❶ データベース名の右に表示される、[…]アイコンをクリック
❷ 表示されるメニューから「タイトルを非表示」をクリック

❸ データベース名が非表示になる

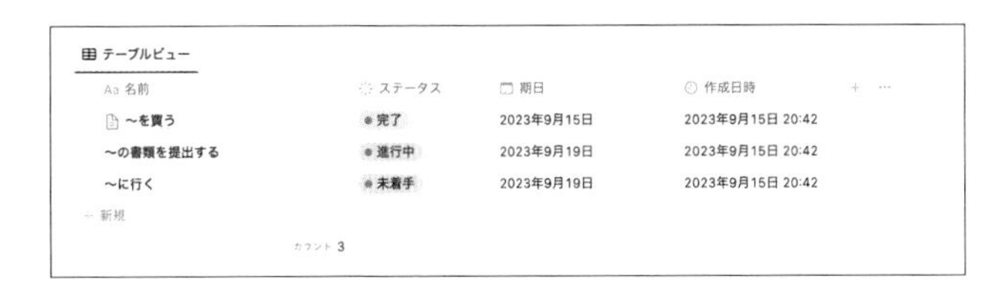

Check! データベース名ははじめのうちは非表示にしない

慣れないうちは、非表示にするとわかりにくいです。慣れてから使うようにしましょう。

データベース名を再表示する方法

❶ データベースにポインタを置いて、右上に表示される[…]アイコンをクリック
❷ 表示されるメニューから「レイアウト」をクリック

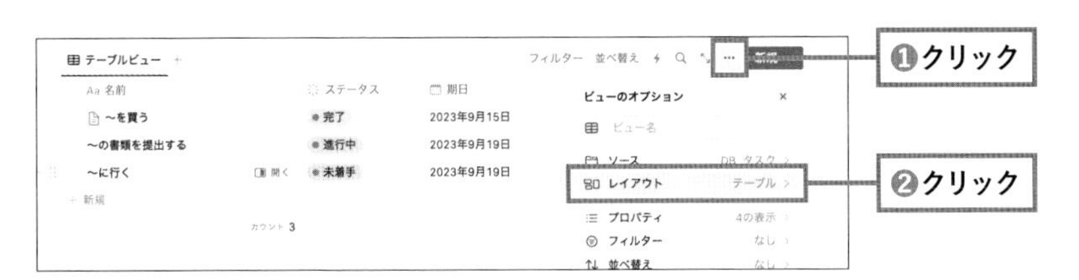

❸ メニュー下にある「データベース名を表示」のスイッチをクリックするとON（青色）になり、再表示される

リンクドビューでは、異なるデータベースからビューを作成できる

例えば、タスクのデータベースと、プロジェクトのデータベースがあるとします。

それぞれのマスターデータベースでは、そのデータベースの情報に基づいたビューしか作成できません。

リンクドビューを使うと、ビューによってソースを選択することができます。そのため、2つのデータベースの情報を切り替えて使うことができます。

下の画像は、DB_タスクのビューと、DB_プロジェクトのビューを切り替えられることを示しています。

タスク一覧　プロジェクト一覧

↗ DB_タスク

未着手 1 / 進行中 1 / 完了 1

~に行く　2023年9月19日
~の書類を提出する　2023年9月19日
~を買う　2023年9月15日

＋ 新規

タスク一覧　プロジェクト一覧

↗ DB_プロジェクト

Aa 名前	日付	↗ DB_タスク	タスク
プロジェクトA	2023年9月28日 → 2023年10月31日	~を買う	100%
プロジェクトB	2023年9月1日 → 2023年10月31日	~に行く	0%
プロジェクトC	2023年8月1日 → 2023年10月31日	~の書類を提出する	0%

＋ 新規

Section 4 17

データベーステンプレート

ある1つのデータベースに対して、各ページに繰り返し入力する項目をあらかじめ登録できる機能です。

(ややこしいのですが、Notionのテンプレートギャラリーなどで公開されている「テンプレート」とは異なります。)

そもそもデータベースとは、同じような性質を持つアイテムをまとめる機能であるため、その中身も似通うことが多いです。**いつも使う内容が決まっている場合は、データベーステンプレートを登録しておくことで、入力を簡易化・統一化する**ことができます。

例えば、下記のように使用できます。

- 「ブログ投稿データベース」で、毎回使う見出しや内容を登録しておく
- 「本棚データベース」で、小説用テンプレート・漫画用テンプレート・実用書用テンプレートなどを登録し、適したプロパティやアイコンを設定する
- 「議事録データベース」で、月初定例会議テンプレート・月末定例会議テンプレートなどを登録、毎週水曜日にページを自動作成、「議題」「報告」「アイディア」「次回までのタスク」などの決まった見出しを設定する

このように、1つのデータベースに対して、何個でもデータベーステンプレートを登録することができます。

また、テンプレートの反映について、デフォルト・自動・手動の選択が可能です。

新規データベーステンプレートの登録

まずは、テンプレートを登録してみましょう。いつも繰り返し登録している内容を反映しましょう。

❶ データベース右上に表示される青い「新規」ボタンの☑をクリック
❷ 表示されるメニューから「＋新規テンプレート」をクリック

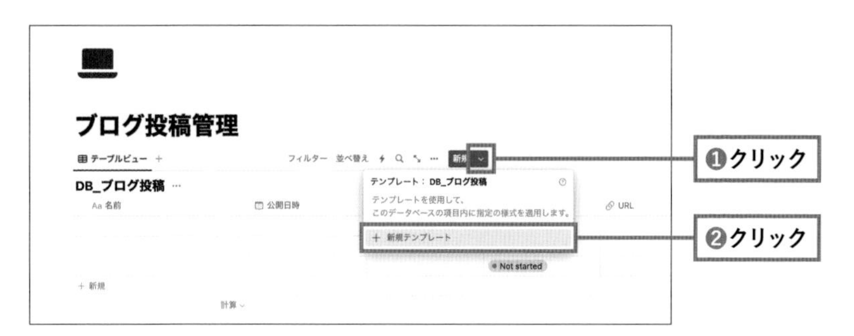

❸ データベーステンプレートの編集ページが表示される。ページ上部に「（データベース名）のテンプレートを編集しています」と表示される

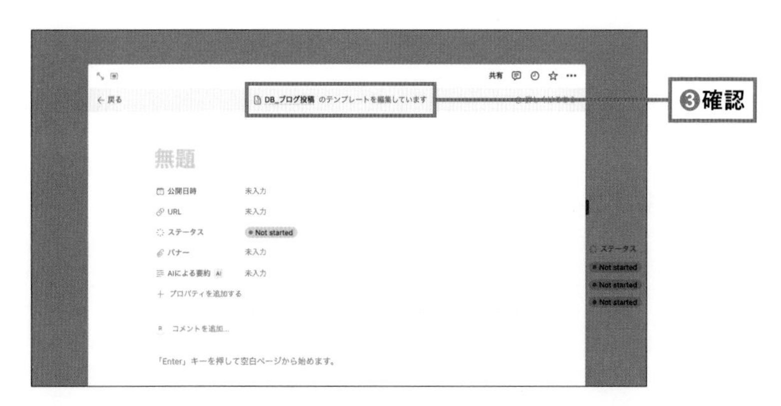

❹ 定型化したい内容を入力（タイトル・アイコン・カバー画像・プロパティ・ブロック・ページ幅・フォントの変更などが適用可能）

Check! データベーステンプレート名について

ここで入力するタイトルが、データベーステンプレート名になります。

❺ テンプレート登録が完了する

Check! アイコン設定で知っておきたいポイント

データベーステンプレートにはアイコンを設定できます。好きなアイコンをアップロードできる「カスタムアイコン」については、後から一括変更ができないため注意してください。

データベーステンプレートの反映

❶ データベースからアイテムのページを開く。ブロックが空の状態だと、ページ下部にテンプレートの選択肢が表示されるのでクリック

❷ テンプレートで登録した内容が反映される

データベーステンプレートのデフォルト設定

データベースアイテムの入力時に指定のデータベーステンプレートを毎回使用したい場合は、デフォルトに設定することができます。

❶ データベース右上に表示される青い「新規」ボタンの⌄をクリック
❷ テンプレートのメニューが表示され、現在デフォルトになっているテンプレートがわかる

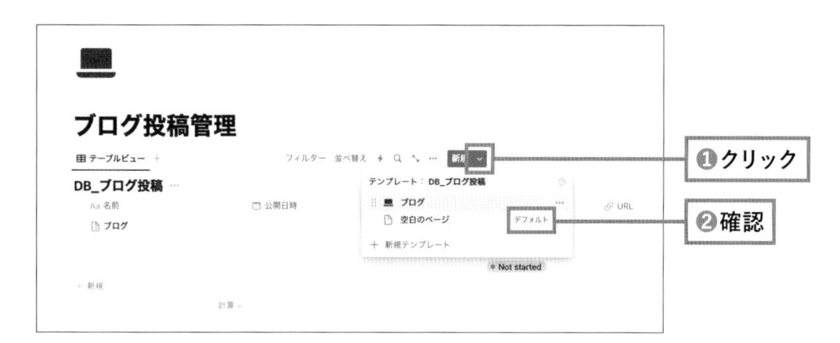

❸ デフォルトにしたいテンプレート名にポインタを置き、右側に表示される…アイコンをクリック
❹ 表示されるメニューから「デフォルトに設定」をクリック

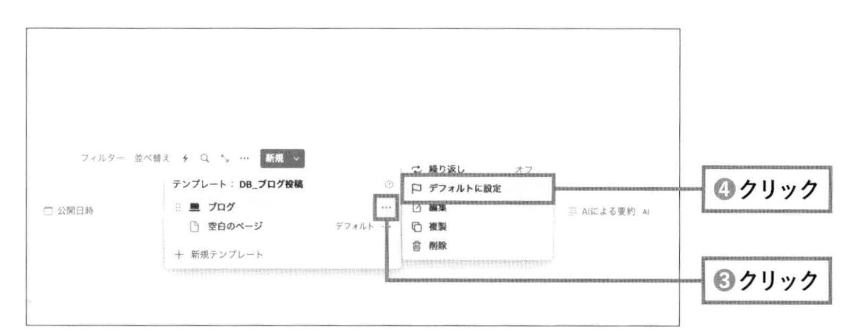

❺「新規ページ作成時に（テンプレート名）をデフォルトのテンプレートとして使用しますか？」というメッセージウィンドウが表示される
❻ データベース単位でデフォルトにするか、ビュー単位でデフォルトにするかを選択。（例えば、データベースに対してこのテンプレートのみを反映する場合は「すべてのビュー」を選択。このビューからのみテンプレートを反映したい場合は、「○○ビューのみ」を選択する）

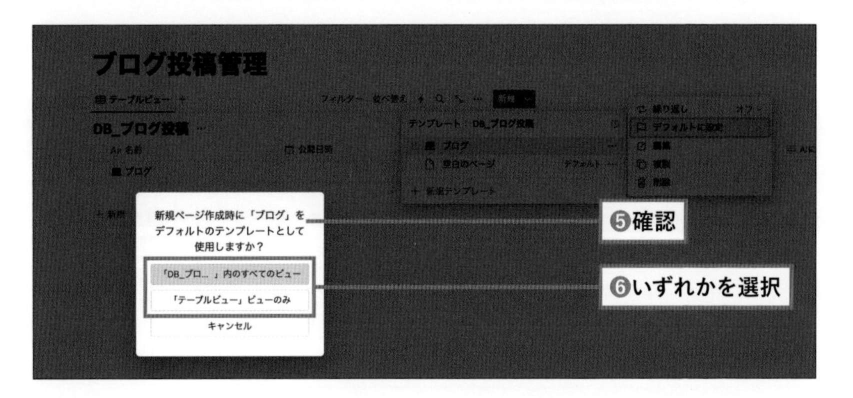

データベーステンプレートを定期的に自動追加

データベースのアイテムを定期的に自動追加したい場合は、「繰り返し」機能を使いましょう。

❶ 繰り返し設定をしたいテンプレート名の右側に表示される[…]アイコンをクリック
❷「繰り返し」をクリック

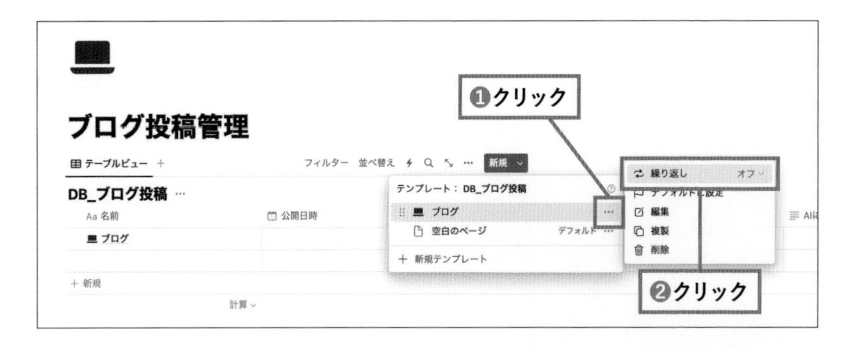

❸ 追加したいタイミングを選択

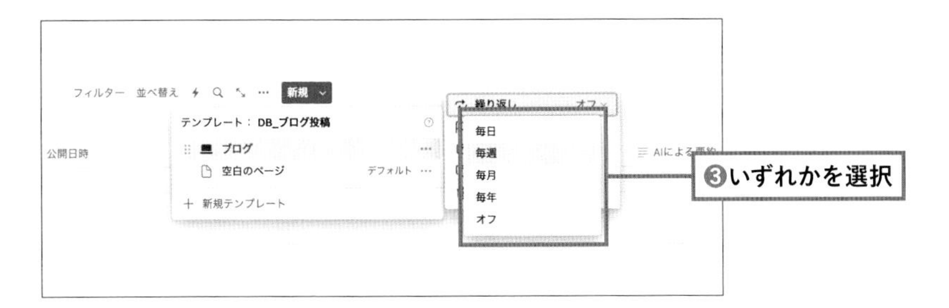

❹ タイミングの詳細を設定できる画面が表示される。ここでは毎週火曜日、AM 8時に自動追加を選択

リレーション

「リレーション」は、プロパティのひとつで、データベース間で情報を相互に参照できる機能です。

例えば「タスク」と「プロジェクト」のデータベースをリレーションすると、互いのデータベースの情報が紐づき、参照できるようになります。

リレーションの利用例は、以下のようなものです。

- 「タスク」データベースと「プロジェクト」データベース
- 「面接の候補者一覧」データベースと「面接官一覧」データベース
- 「作家一覧」データベースと「本の作品一覧」データベース

リレーションの設定

ここでは例として、タスクのデータベースとプロジェクトのデータベースをテーブルビューでリレーションします。この解説では、わかりやすくするために「リレーション」というページの中に「DB_タスク」「DB_プロジェクト」という2つのデータベースを並べています。

❶ リレーションするための（紐付けるための）プロパティを追加する。他のデータベースの情報を表示させたいデータベースで、プロパティ名の右にある「+」をクリック

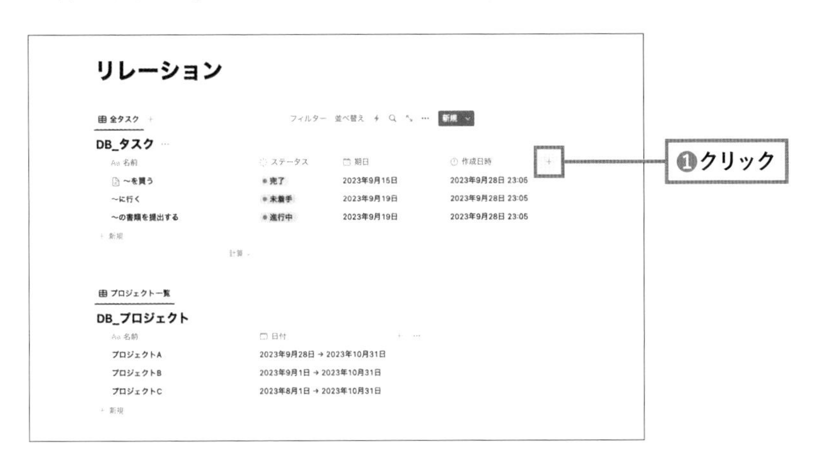

❷ 右側にプロパティ一覧のメニューが表示される。「リレーション」をクリック

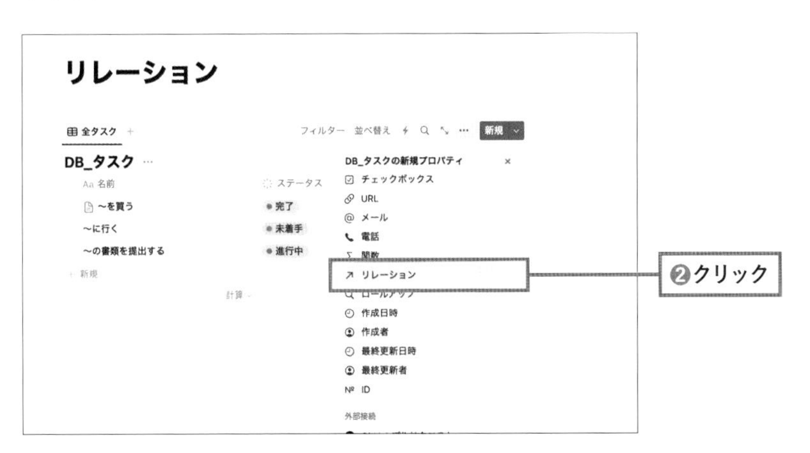

❸ 紐付けたいデータベースをクリック。ここでは「DB_タスク」から「DB_プロジェクト」を参照したいので、「DB_プロジェクト」をクリックした

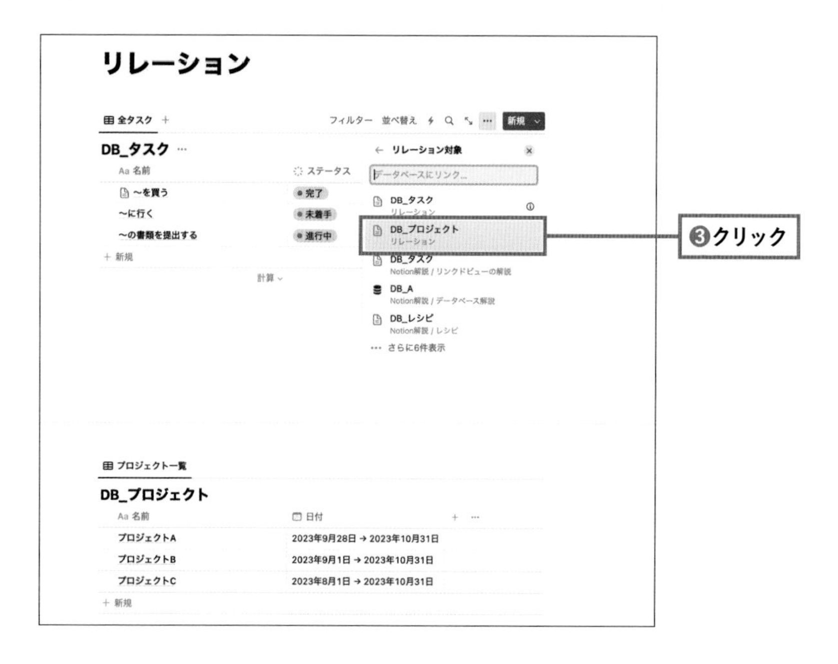

❹ リレーションに関するメニューが表示される

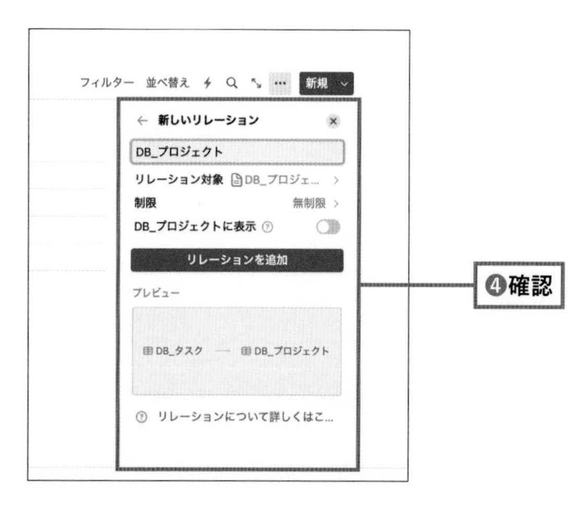

❺ 今回は「DB_プロジェクト」からも「DB_タスク」の情報を参照したいので、「DB_プロジェクトに表示」のスイッチをクリックし、ON(青色)にする。プレビューの矢印を見ると、データを相互参照できることがわかる

❻「リレーションを追加」をクリック

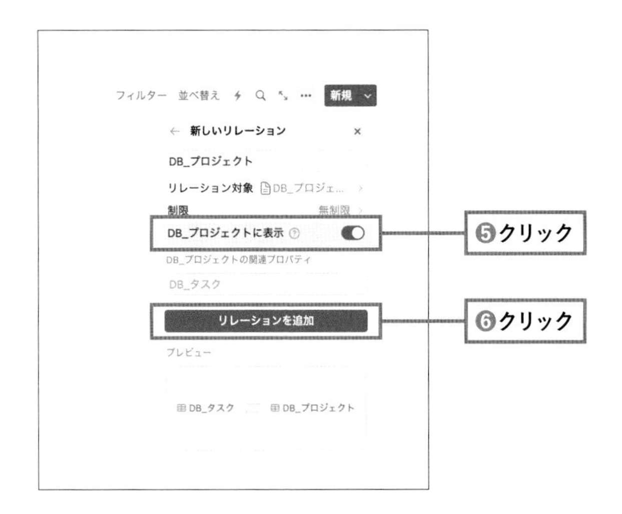

Check! 一方向で参照?双方向で参照?

「DB_プロジェクトに表示」が OFFになったままリレーションを追加すると、「DB_タスク」から「DB_プロジェクト」を参照するのみとなります。

❼ 相互のリレーションが設定されたので、2つのデータベースにリレーションプロパティが追加された。「DB_タスク」のアイテムのプロパティをクリックすると、「DB_プロジェクト」のアイテムが表示される。関連づけたいアイテムを選択する

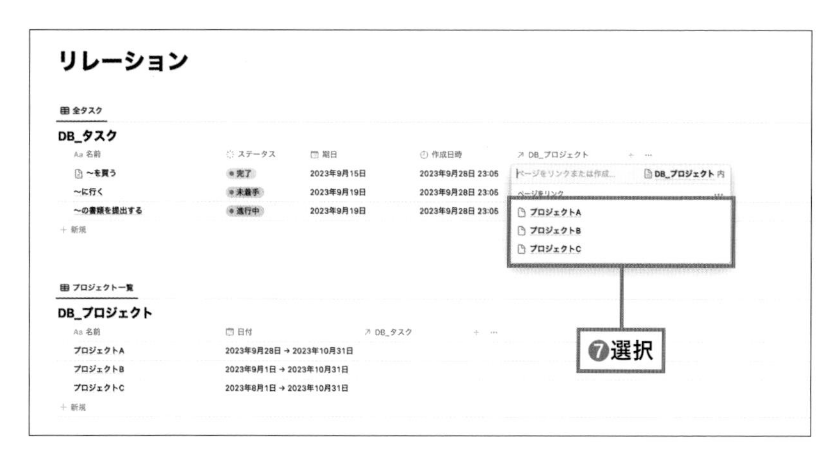

❽ 各タスクとプロジェクトを紐付けると、以下のようになる

リレーションしたアイテムの関連プロパティを表示

リレーションの設定が終わったら、データベースのアイテムを開いてみましょう。リレーションされたアイテム名が表示されています。ここには、アイテム名以外の情報を表示することができます。

例として、「プロジェクトA」に、「～を買う」がリレーションされたページで操作します。

ここに、「～を買う」のステータス（進捗状況）を表示させてみましょう。

❶ リレーションプロパティのアイテムの右端に表示される[+]アイコンをクリック

❷ 表示されるウィンドウ右上の[…]アイコン（「表示されるプロパティをカスタマイズします」）をクリック

❸「リレーションで表示」というメニューが開く。現在「名前」プロパティだけが表示されていることがわかる。今回はステータスを表示したいので、👁アイコンをクリック

❹「ステータス」プロパティが表示された。他のところをクリックしてメニューを閉じる

❺ DB_タスクから「～を買う」の情報を表示した

プロパティの表示位置を変更

アイテムを開いたときにプロパティが表示されるところは、ページ上部でした。この表示位置を、変更することができます。

● セクション表示

リレーションプロパティを通常のプロパティと分けて表示できます。例えばリレーションする数が多い場合は、セクション表示が見やすいです。

- **最小化**

リレーションプロパティを小さく表示することもできます。よりシンプルに表示したい場合に使えます。

下記のように設定します。

❶ データベースのページを開いた状態で、ページ右上の[…]アイコンをクリック
❷ ページの設定メニューが表示される。「ページをカスタマイズ」をクリック

❸「このデータベース内の全ページをカスタマイズ」というメニューが開く。現在の表示形式が表示されているので、クリックすると他の表示形式を選択できる

Column リレーションを使って、キーワード索引を作る

わたしはさまざまなデータベースを管理しています。例えば、「気になるWEBページをクリップするブックマークのデータベース」「とりあえず何でもメモしておくノートデータベース」「教科書の進捗を記録する学習管理データベース」「各プロジェクトのタスク進捗を管理するプロジェクトデータベース」「ブログ執筆に使うブログデータベース」などです。
その中から、例えば「Notion」というキーワードに関するある記録を調べたいとき、「どこに置いたかな？」と一瞬迷ってしまうことがあります。つまり、複数のデータベースに「Notion」に関するさまざまな情報が点在しており、どこにあるのかを逆引きしたい状況です。これを実現するために、キーワード索引を作っています。

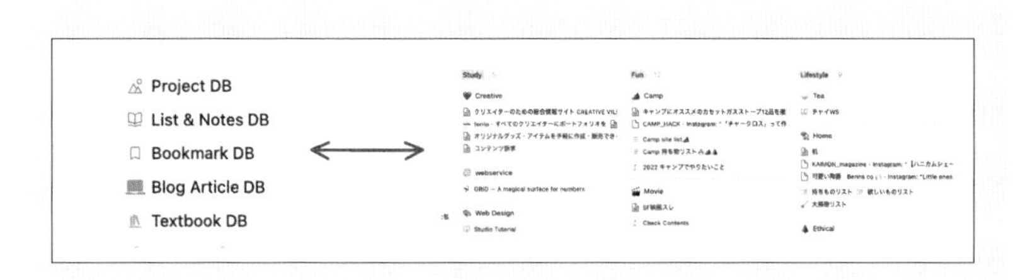

①キーワード索引データベースを作る

新規でキーワード索引データベースを作成し、アイテムの「名前」欄にキーワードを入力します。わたしの場合は、たとえば「Notion」「Writing」「Shop」「Healthcare」などです。関連するアイコンも付けておくとわかりやすいです。

②各データベースにリレーションプロパティを追加

自分が管理している他のデータベースにリレーションプロパティを追加し、①で作成した「キーワード索引データベース」をリレーションします。

③各データベースにキーワードを付ける

各データベースにキーワードを振っていきます。先ほど作成したキーワードから選ぶか、新しくキーワードを作っていきます。

④キーワード索引が完成

この画像の例では、ボードビューで表示しています。キーワードの大分類としてグループ（Study・Funなど）を設定しています。

⑤キーワード索引データベースでテンプレートを登録し、各データベースからリンクドビューを表示させる

各DBの情報が一目でわかるように、リンクドビューを表示させています。

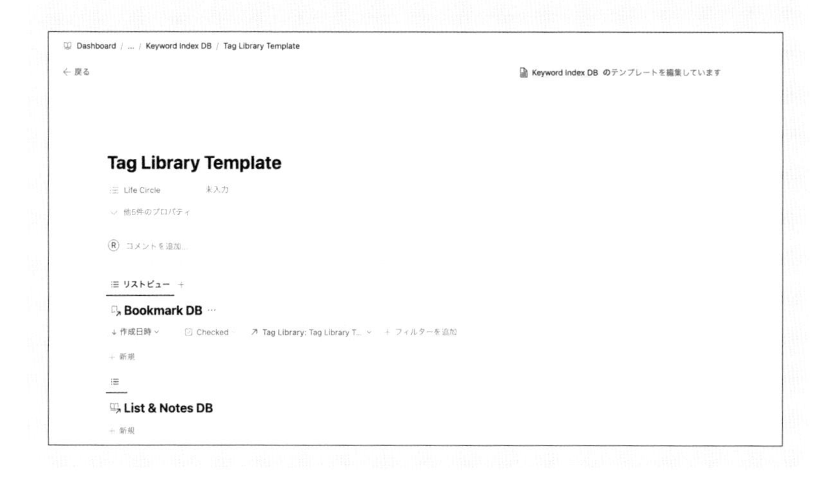

ロールアップ

ロールアップとは、リレーションしたデータベースから、アイテムのプロパティ情報を参照、表示、集計できる機能です。

ここでは例として、「DB_プロジェクト」で「DB_タスク」のデータを参照し、プロジェクト毎のタスクの完了率を計算します。

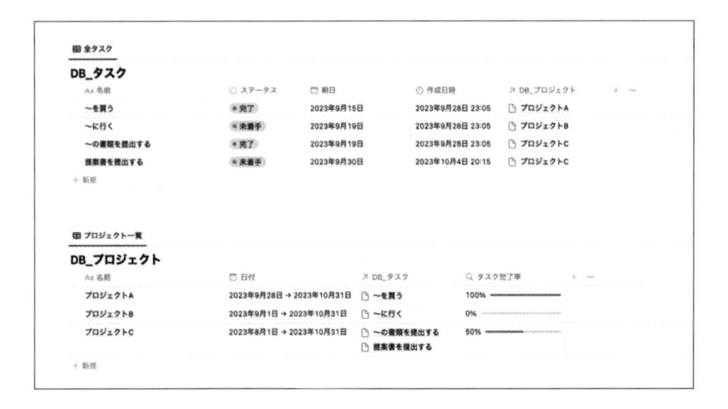

全タスク

DB_タスク

名前	ステータス	期日	作成日時	DB_プロジェクト
~を買う	完了	2023年9月15日	2023年9月28日 23:05	プロジェクトA
~に行く	未着手	2023年9月19日	2023年9月28日 23:05	プロジェクトB
~の書類を提出する	完了	2023年9月19日	2023年9月28日 23:05	プロジェクトC
提案書を提出する	未着手	2023年9月30日	2023年10月4日 20:15	プロジェクトC

+ 新規

プロジェクト一覧

DB_プロジェクト

名前	日付	DB_タスク	タスク完了率
プロジェクトA	2023年9月28日 → 2023年10月31日	~を買う	100%
プロジェクトB	2023年9月1日 → 2023年10月31日	~に行く	0%
プロジェクトC	2023年8月1日 → 2023年10月31日	~の書類を提出する 提案書を提出する	50%

+ 新規

❶ タスクデータベースとプロジェクトデータベースをリレーションしておく（P.220「リレーション」の操作を行う）

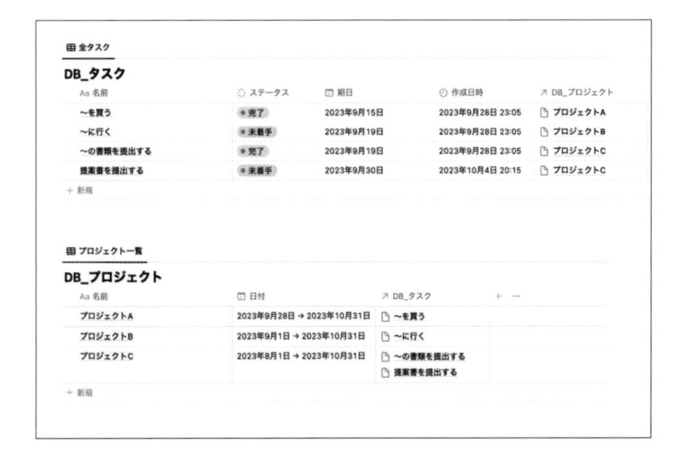

全タスク

DB_タスク

名前	ステータス	期日	作成日時	DB_プロジェクト
~を買う	完了	2023年9月15日	2023年9月28日 23:05	プロジェクトA
~に行く	未着手	2023年9月19日	2023年9月28日 23:05	プロジェクトB
~の書類を提出する	完了	2023年9月19日	2023年9月28日 23:05	プロジェクトC
提案書を提出する	未着手	2023年9月30日	2023年10月4日 20:15	プロジェクトC

+ 新規

プロジェクト一覧

DB_プロジェクト

名前	日付	DB_タスク
プロジェクトA	2023年9月28日 → 2023年10月31日	~を買う
プロジェクトB	2023年9月1日 → 2023年10月31日	~に行く
プロジェクトC	2023年8月1日 → 2023年10月31日	~の書類を提出する 提案書を提出する

+ 新規

❷「DB_プロジェクト」でタスクの進捗を確認したいので、「DB_プロジェクト」プロパティ名の右に表示される＋アイコンをクリック

❸ 右側にプロパティ一覧のメニューが表示される。「ロールアップ」をクリック

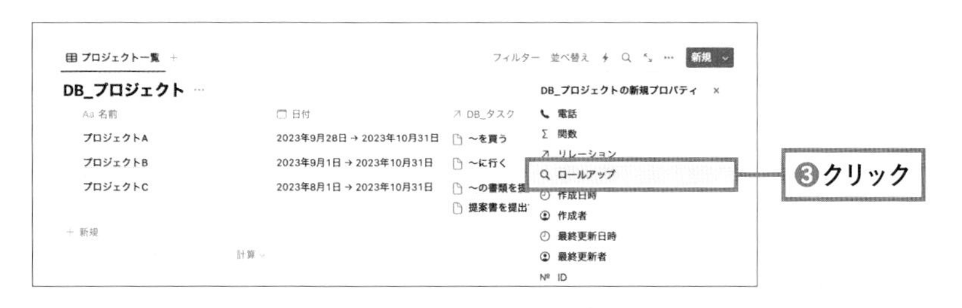

❹「リレーション」をクリック
❺ 参照元のデータベースを選択する。ここでは「DB_タスク」をクリック

❻ ロールアップすると、最初はアイテム名が表示される

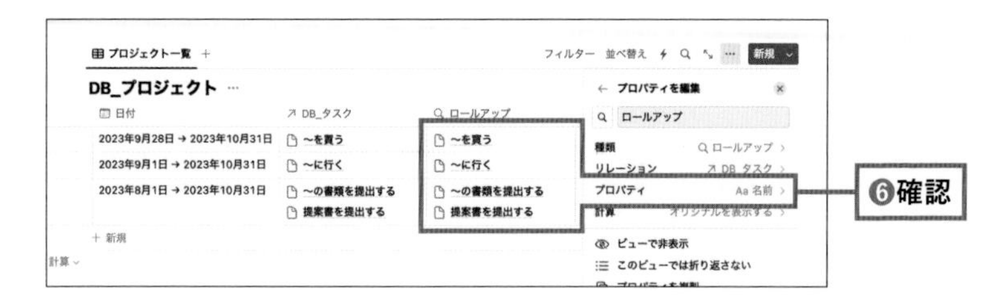

❼ タスクの完了率を計算したいので、プロパティを「ステータス」に変更する。まずは「プロパティ」をクリック
❽ 表示されたプロパティから「ステータス」をクリック

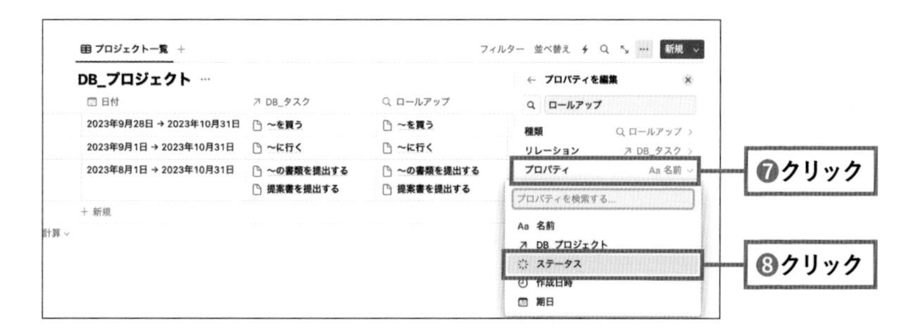

❾「計算」をクリック
❿「グループごとの割合」をクリック
⓫「Complete」をクリック

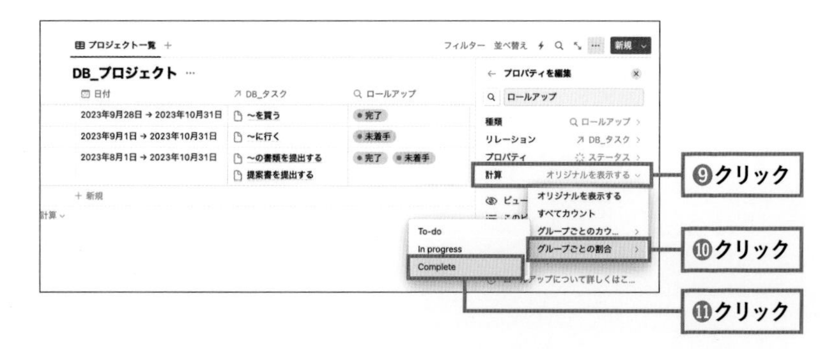

⑫ 完了率が表示される

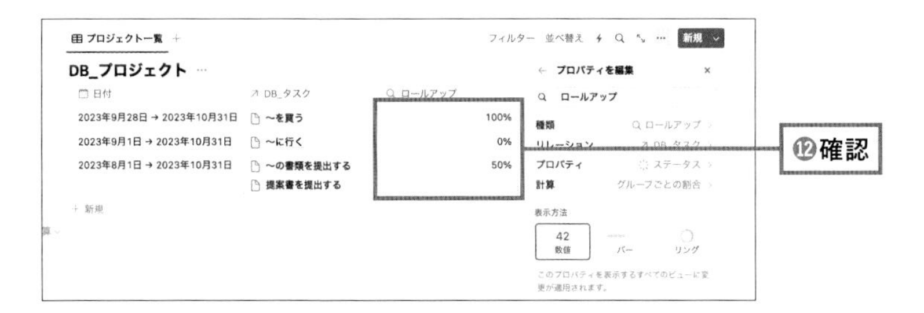

⑬「表示方法」で、数値・バー・リングを選択できる。ここでは「バー」を選択

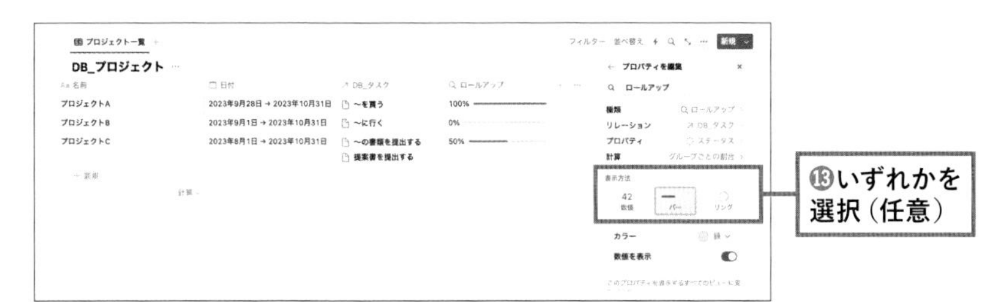

⑭ プロパティ名を「ロールアップ」から「タスク完了率」に変更

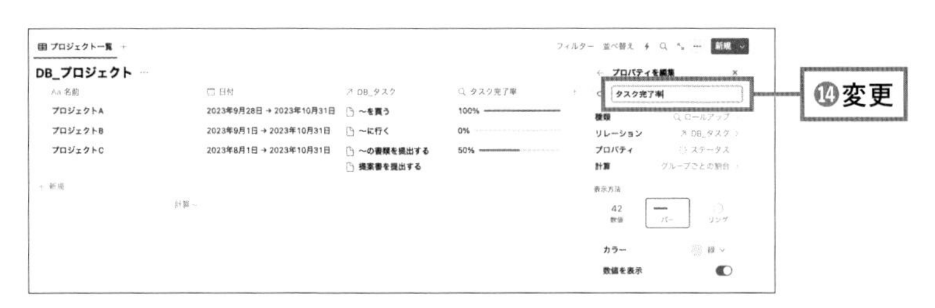

ロールアップ機能を使う上で考えるべきことは4つです。

- 「どのデータベースに」←プロジェクトのデータベースに
- 「どのデータベースの」←タスクのデータベースの
- 「どんなプロパティを使って」←ステータスプロパティを使って
- 「どのように表示する」←完了率を表示する

このポイントをおさえておけば、ロールアップの機能が使いやすくなります。

サブアイテム

サブアイテムは、データベース内のアイテムを親子として紐付けることができる機能です。

例えば、1つのタスクを行うとき、さらに細かいタスクを紐付けたい時に使えます。

▼親アイテムのトグル内に子アイテムが追加されている

テーブルビュー

無題

Aa 名前	↗ 親アイテム	↗ サブアイテム
▼ 親アイテムA		子アイテムA-1 子アイテムA-2
子アイテムA-1	親アイテムA	
子アイテムA-2	親アイテムA	
＋ 新規サブアイテム		

Check! サブアイテムはリレーションの応用

親と子を紐付けるので、実はこの機能は「リレーション」機能の応用となっています。先ほどは「異なるデータベース」同士でアイテムを紐付けましたが、今回は「同じデータベース」の中のアイテムを紐付けます。これを「自己参照」といいます。

サブアイテムの追加方法

サブアイテムの設定はテーブルビューがわかりやすいです。

❶ データベース右上の[…]アイコンをクリック
❷「サブアイテム」をクリック

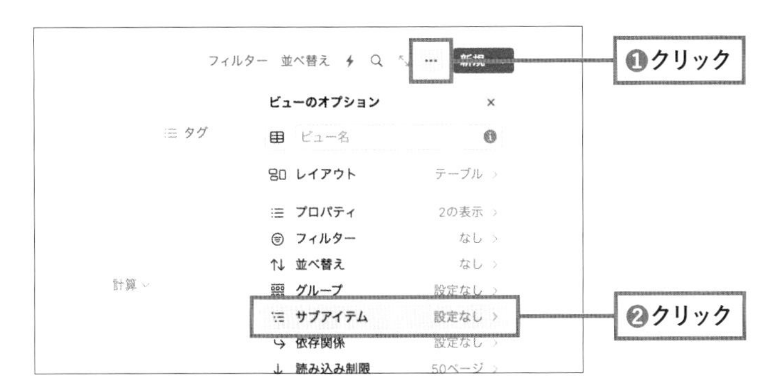

❸「サブアイテムをオン」をクリック

❹ 今回は仕組みをわかりやすくするために、プロパティを表示させる。プロパティをクリック

❺ 親アイテムとサブアイテムを「テーブルで表示」に変更

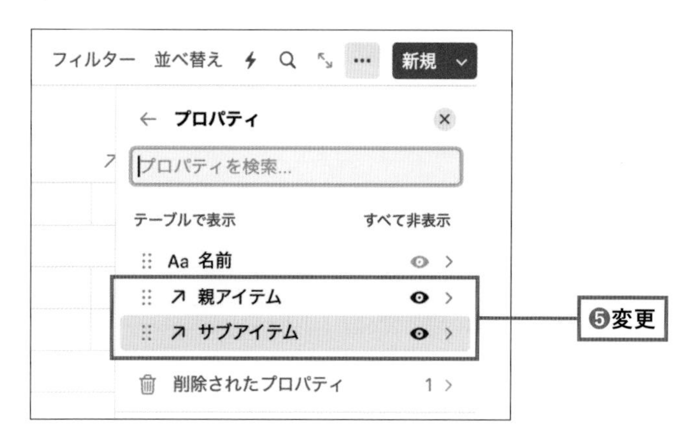

❻ 親アイテムの行にトグルが表示され、その下の行にはサブアイテム入力のためのボタンが表示されている

❼ トグルの横に親アイテム名を入力
❽ 親アイテムのトグルを開いた状態で「+新規サブアイテム」をクリック
❾ サブアイテム名を入力。プロパティにはリレーションが表示され、親子関係であることがわかる

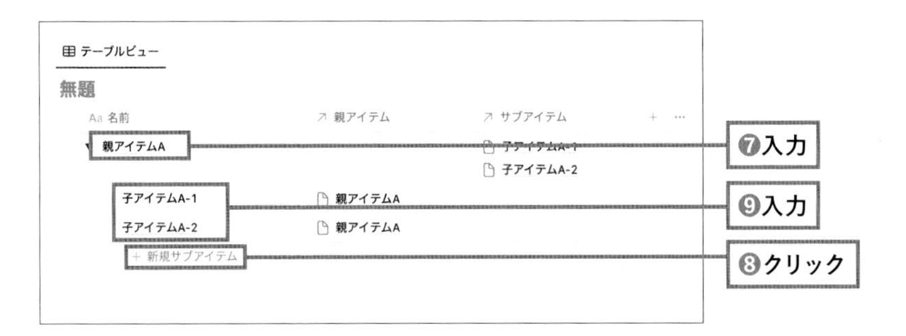

❿ さらに子アイテムに孫アイテムを作ることができる。子アイテムのトグルを開いて「+サブアイテムを追加」をクリック
⓫ 孫アイテム名を入力。サブアイテムは最大で10階層まで追加することができる

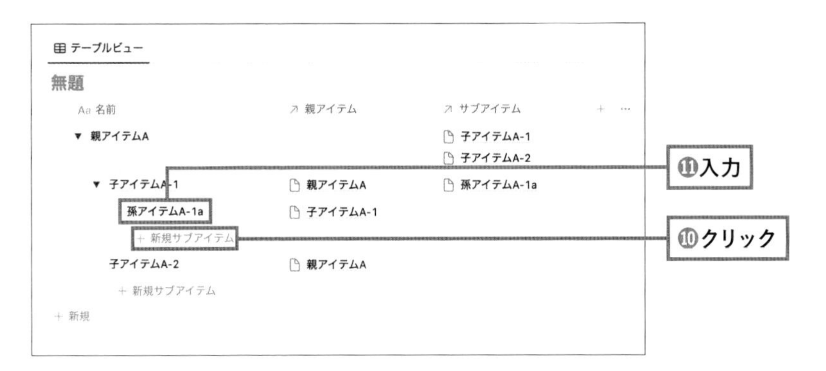

サブアイテムの使用例1

ある1つのタスクを細分化して進捗管理したい時に使えます。「ロールアップ」の節で解説した方法と同様に、進捗率を表示させます。

ステータスとロールアップのプロパティを追加

ロールアッププロパティの設定

サブアイテムの使用例2

日付プロパティを追加し、プロパティに日付を入力します。タイムラインビューで表示すると、下画像のように関係性とスケジュールを同時に確認できます。

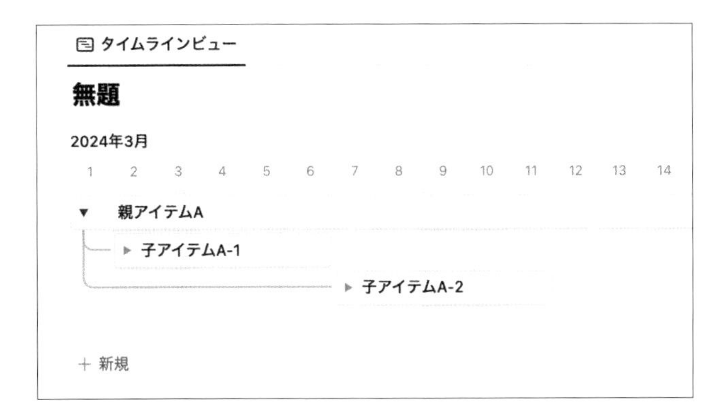

Check! サブアイテムと依存関係

「依存関係」の機能を使えば、タスクの前後関係も設定できます。(詳細はP.242参照)

タスク同士に矢印がつき、前後関係がわかる

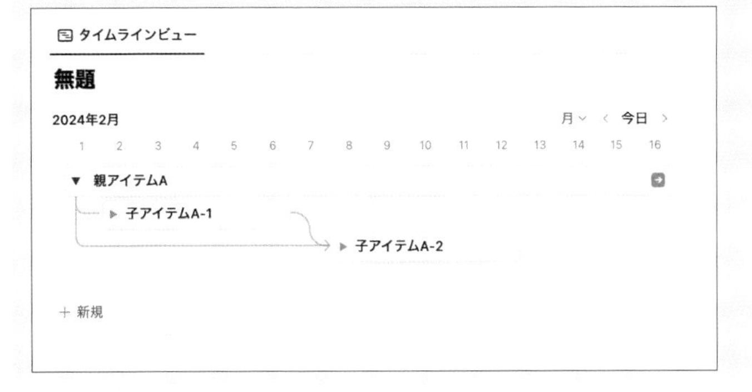

依存関係

同じデータベース内にあるアイテム（ページ）同士の依存関係を設定できます。例えば、「タスク1の終了後にタスク2を進行」などの管理ができます。

❶ タイムラインビューでデータベースを作成

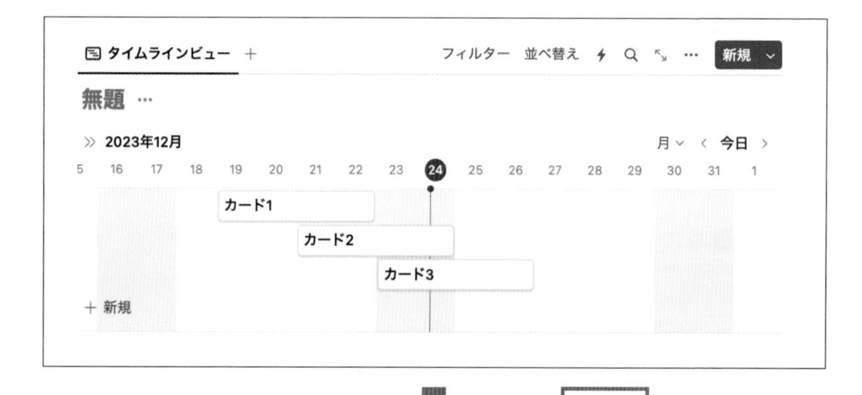

❶作成

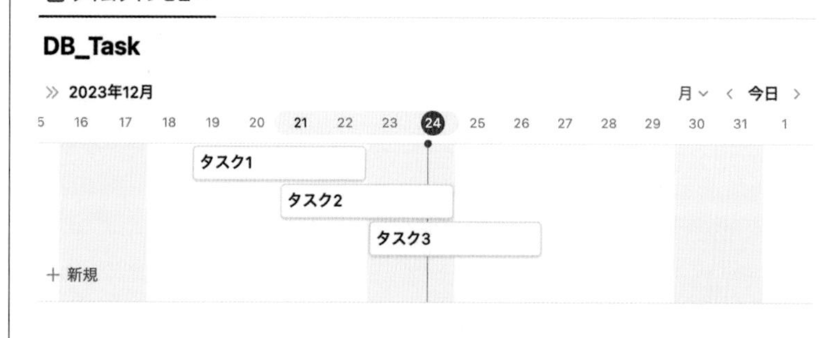

❷ タスク1の後にタスク2をやると決まっている場合、依存関係を設定できる。タスク1のカード右端から、タスク2のカードの左端に矢印を引く

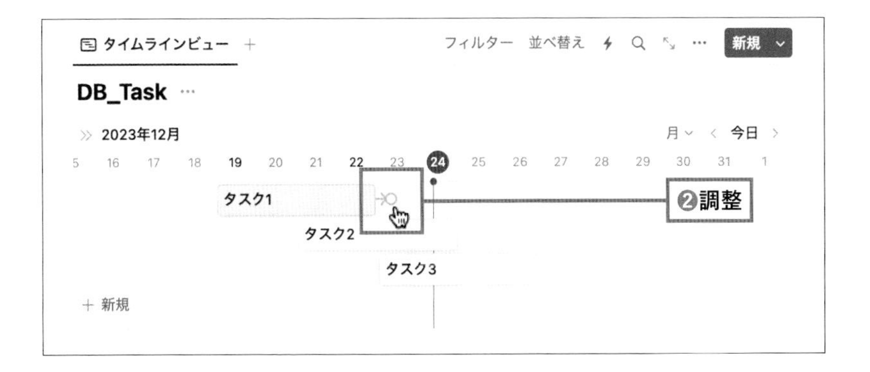

❸ 依存関係の設定画面が表示される。日付の自動シフトについて選択
❹ 週末を避けるかどうかを選択

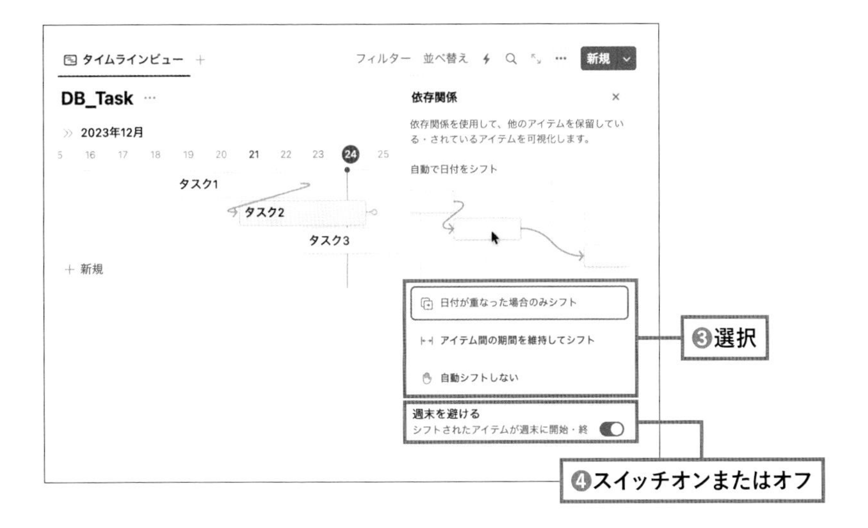

❺「依存関係を設定」ボタンをクリック

❻ 先ほど日付が重なった場合のみシフト・週末を避けるを選択したので、タスク2が自動調整された

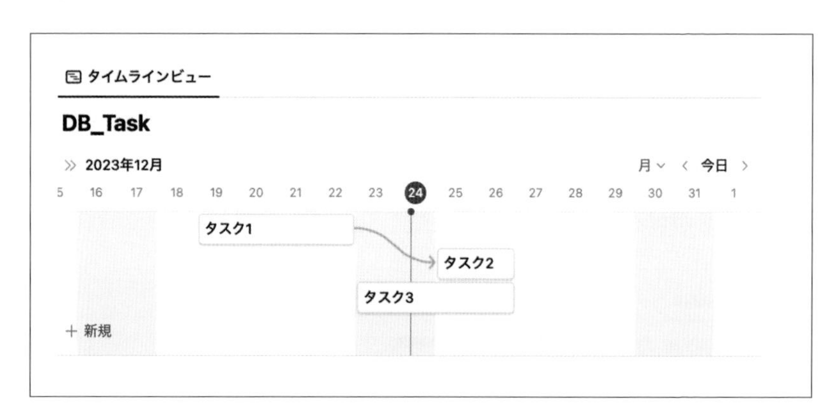

Wiki

まず、「Wiki」の意味ですが、複数人が共同でWebブラウザから直接コンテンツを編集するシステムのことです。Wikipediaが有名です。

NotionのWiki機能は、2023年4月にリリースされた、ページをまとめて管理・整理できる機能です。

Notionはページの中にサブページを無限に作ることができ、階層も深くできます。そのため、特にチーム利用の場合は、「ページを管理しきれない」「どこにあるかわからない」「情報の鮮度がわからない」ということが起こり得ます。

そこで、**Wiki機能を使うとページの全体像がわかりやすくなります。**

例えばポータルサイトのようなページがあるとします。これをWiki変換すると、データベースのアイテムとして表示されます。

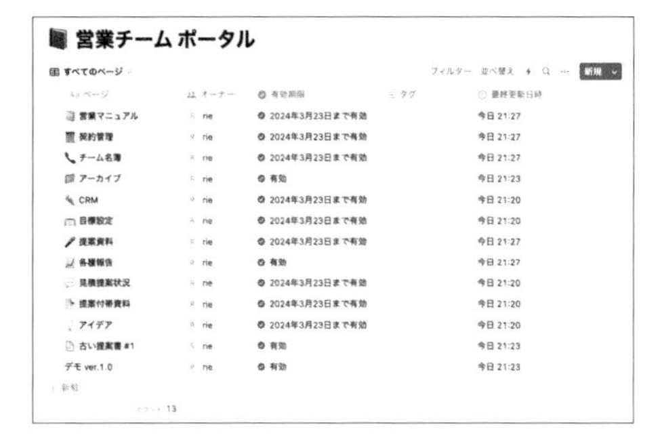

Wiki機能の特徴

まずWikiの特徴を見てみましょう。

- サブページ(ページの中のページ)もデータベースのアイテムとして表示される
  ページ階層の全体像を俯瞰して確認することができる

- 有効期限が設定できる
  有効期限はWikiだけの機能。設定した有効期限を過ぎるとグレーのアイコンに変わり、オーナーに通知される。情報の鮮度を保つことができる
- ページオーナーを設定できる
  デフォルトだと作成者がオーナーとなる。「オーナー」プロパティは基本削除できない
- Wiki内で検索ができる
  Wikiに含まれるページの検索ができる
- データベースと同様、プロパティ、6種類のレイアウト、ビューなどが使える

Wikiに変換する方法

例として、「営業チーム ポータル」ページの中に、「営業マニュアル」「契約管理」などのページをまとめたページがある場合について解説します。

❶ ページの⋯アイコンをクリックし、「Wikiに変換」をクリック

❷ いくつかWikiの説明画面が表示がされ、そのまま進むとWikiの構成に変換される。「ホーム」画面が表示される

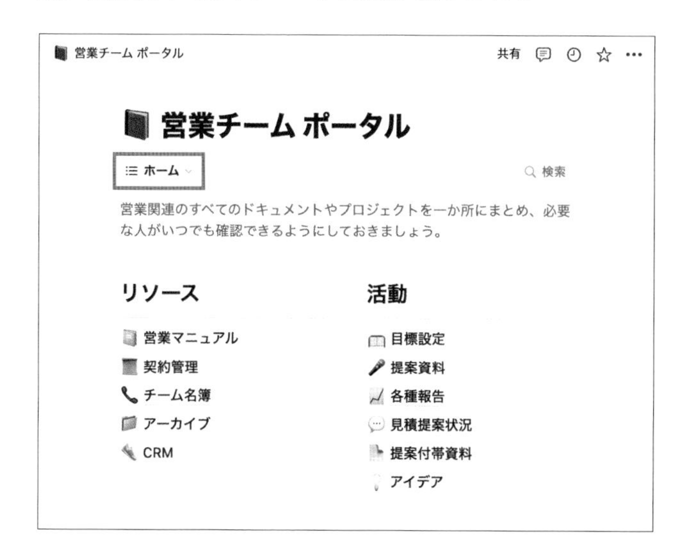

❸ 左上のメニューで「すべてのページ」に切り替えると、ページの階層下にあるページも含めたすべてのページが表示される。ページの有効期限や、オーナーが設定できる

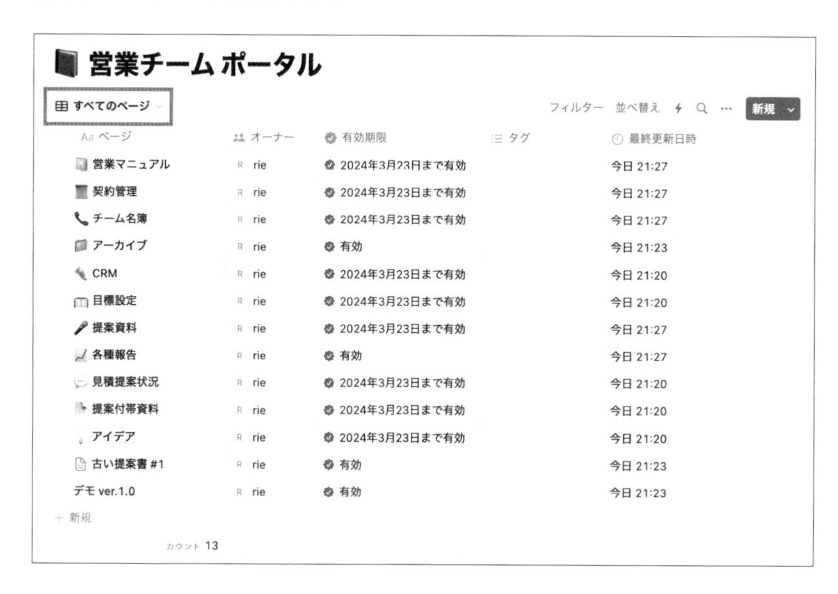

今回の例ではすでにページがある場合でやってみましたが、新しいページをWikiに変換し、そこから同じようにページを作成していくこともできます。

Check! Wikiを元に戻す

Wiki機能をやめて元のページの状態に戻すには、ページ右上の…アイコンをクリック、「Wikiを元に戻す」をクリックします。Wikiで設定したプロパティは失われるので注意してください。

「データベースのデータベース」として利用

例えばWiki内で「データベース置き場」などのページを作成し、その中にサブページとしてデータベースを格納すれば、データベースもWiki下で管理できます。データベースを確認したい場合は、使うページからリンクドビューで呼び出します。チーム利用におすすめです。

Section 4 23

データベースオートメーション

2023年8月、データベースオートメーション機能が追加されました。

データベースオートメーションは、条件を設定しておき、その条件を満たした際にデータベースを自動で編集してくれる機能です。

この機能は有料版のみ全機能利用可能です。

変更のきっかけとなる「トリガー」と、変更の結果として実行される「アクション」で作動します。

データベース右上の⚡アイコンから設定できます。

利用例

例えば、下記のようなことができます。

- タスクが完了ステータスになったら→今の日時を入力
- タスクのステータスを変更したら→特定のユーザーに割り当て
- プロジェクトDBに新規プロジェクトが追加されたら→リレーションされたタスクDBに定型タスクを追加
- プロジェクトが完了したら→Slackで通知
- 締め切りが今日のタスクを→Slackで通知

いくつかの例を特典で解説します。

利用条件

- 全機能を使うためには、有料プランに加入必要
- ただし、無料プランでも、公開テンプレートに搭載されたオートメーションと、Slack通知機能は利用可能
- フルアクセス権限を持つユーザーが作成、編集、削除可能。ただし、Slackオートメーションだけは、オートメーションの作成者のみが編集可能
- オートメーション作成後に無料プランにダウングレードした場合、作成済みのオートメーションについては、動き続ける。有効・無効の選択と削除は可能。設定編集は不可

Chapter

5

Notionを使いやすくする

Section 5 01

Notionに情報を集約させる

わたしはNotionでほとんどの情報を管理しています。ここでは、Notionに情報を集約させるヒントを紹介します。

なぜNotionか

これまで手帳やノート、スケジュールアプリなど色々なツールを使ってきましたが、今はほぼ全ての情報をNotionで網羅しています。

既存のツールでは、ひたすらメモを取ることはできても、それを集約、整理、分類、体系立て、検索することが難しかったのです。メモをたくさん取っても、情報を活かせていないと感じていました。結局また同じことで悩んだり、調べ直したりしていました。

Notionに全て情報を置いておくと決めると、頭の中がすっきりクリアになります。

最初から全部をNotionでやろうとしない

Notionのコンセプトは、オールインワンワークスペース。Notionを始めると、あれもこれも Notionに移行したいとなるかもしれません。

しかし、Notionだけですべてを完結させる必要はありません。Notionではできないこと、他の特化型ツールの方が便利ということも多々あります。

Notionの特化した魅力は、「情報を一箇所にまとめておくことができる」という点です。

Notionはだいたいなんでも埋め込めるので、外部のサービスはリンクを貼るなどして、なるべくNotionに情報を集約できると便利です。

Notionを使う習慣ができないのはなぜ？

せっかくNotionを使い始めたけど、日常的に開く習慣がつかない…というお悩みをよく聞きます。

わたしがおすすめするのは、Notionにホーム画面を作り、よく使うリンク集を置くことです。

例えばSNS、Googleフォト、銀行口座のリンクなど、これまで自分が日常的に自分が使ってきたURLを貼っておくだけです。わたしはNotionを開くことが習慣になるまで、まずNotionを開いてから、外部サービスにアクセスするようにしました。**Notionを使うことを習慣化したい方は、Notionを開けば全部ある！という感覚を手に入れることがポイント**です。

連携サービスを使う

Notionに慣れてきたら、連携できる便利なサービスを使ってみましょう。特典ではさまざまなおすすめツールを紹介していますので、参考にしてみてください。

例えば、こんなことができます。

- お天気を表示する
- ブラウザで見た記事をクリッピングしデータベース化する
- お問合せフォームをデータベース化する
- マインドマップなどのボードを埋め込む
- NotionをWebサイト化する

簡単なものから難しいものまでいろいろありますが、気になるものがあれば導入してみてください。Notionの便利さが格段にアップします。

5

Section 5 02

ページづくりのポイント

Notionのページを設計する上で、もっと使いやすくするためのポイントを紹介します。

まずは簡単なシステムから始める

最初からデータベースなどを作り込みすぎると、実際毎日続けるのが難しくなったりします。

なるべくシンプルに書き留めるということを続けて、少しずつ自分のスタイルに合わせて改善していくのがおすすめです。

データベースのプロパティなどは確かに便利で、たくさん付けたくなってしまうかもしれませんが、都度選択するなど運用の手間がかかったりもします。忙しくてもできるだろうか？ということを念頭に置いて、**なるべくシンプルなシステムからスタートし、少しずつカスタマイズしていく**のが良いです。

ページの優先順位を意識する

よく使うページは、優先させて上部・左側に表示させると、アクセスしやすくなります。

使用頻度が低いブロックやページは隠す

あまり使わないコンテンツはトグルブロックに入れて隠したり、アーカイブ用ページを作ってまとめると、よく使うページにアクセスしやすくなります。

階層が深くなりすぎないようにする

探すのが大変になるので、なるべくシンプルな階層にとどめるのがおすすめです。階層が深くなってしまうという方は、Wiki機能の利用を検討してみてください。サブページもデータベース化されるので、管理しやすくなります。

同じ作業はなるべく効率化する

例えば、データベーステンプレートに毎回使うアイコンやプロパティを登録しておく、ボタン機能を使って一括でチェックボックスにチェックできるようにするなど、記録の手間がかからないように効率化していくのがおすすめです。

自分のNotionを育てる

Notionは日々新機能が追加され、アップデートが頻繁に行われます。ユーザーの使い方を見て、Notionが機能を追加することがよくあります。

つまり、Notion自体も成長段階であり、これが正解！という「答え」があるわけではありません。「人によって最適解がある」ということになります。**少しずついろんなやり方を試してみて、自分らしいスタイルに育てていくこと**がNotionの醍醐味かもしれません。

誰もがシステムを作れるように、というのが、Notionのコンセプトでもあります。

Column 新機能「Notionカレンダー」

2024年1月、新機能「Notionカレンダー」がリリースされました。
「Notionカレンダー」は、Notionの複数のデータベースや、Googleカレンダーの予定を統合して表示し、Notionカレンダーからも編集することができます。
特典のリンクからぜひ確認してみてください。

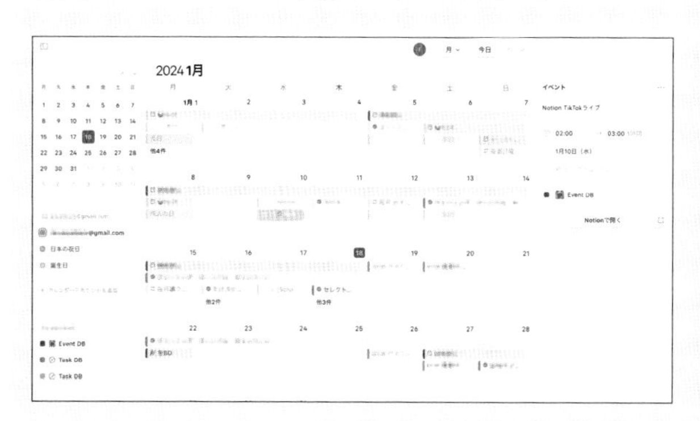

ホーム画面を作る

　ページが少ない場合は、サイドバーだけでページを管理しても良いのですが、ホーム画面を作ることで、ページが増えてもNotionの中のページの全貌が分かりやすくなります。
　ある程度自分がどのようなことを記録・管理したいかが定まってからでも良いのですが、このように1画面にまとめると整理しやすくなります。

- ここだけ見ればNotionのページの全貌が確認できる
- ここだけ見れば今やることがわかる
- 毎日使う情報にすぐアクセスできる

　こんなホーム画面を作ってみましょう。

▼ページ上部にページをまとめ、その下に毎日使うデータベースを表示している

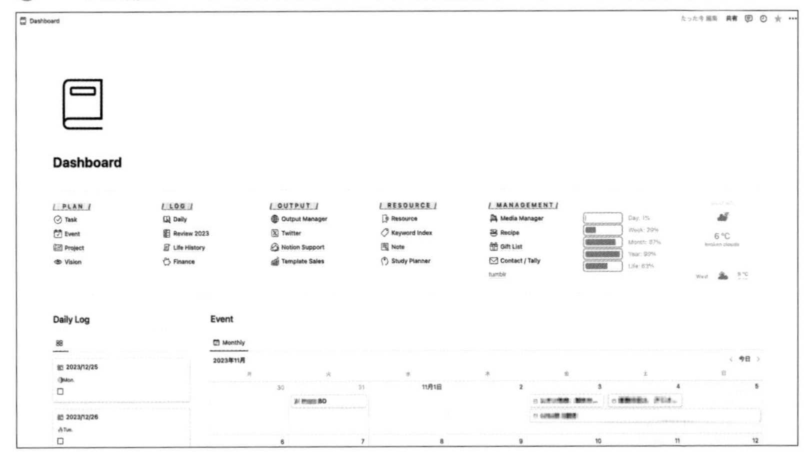

ホーム画面作成のステップ

1. ホーム画面として1ページ作成する

空のページを作成しホーム画面とする

2. メニューとして表示するページを整理する

ページがあまり多くなるとメニュー自体が見づらくなるので、なるべく厳選。（上記の画像ではメニューとして表示しているサブページが20ページ程度）

3. ホーム画面のページに全てのページを収め、ページ上部か左側にメニューになるように並べる

上部か左にすることで、スマホでも見やすくなる

4. よく使う外部ツールのリンクを貼る

Notionを使うことを習慣化したい場合は、よく使うページのリンクを貼っておくと習慣化しやすい

5. 毎日使うデータベースのリンクドビューを貼る

日記や習慣トラッカー、メモのデータベースなど、いつでもすぐに入力できるようにしておく

6. 開くのが楽しくなる工夫をする

好きなウィジェットや画像を埋め込んだりして開くのが楽しくなるようにする

スマホからいつでもどこでも Notion

NotionはiOSとAndroidのモバイルアプリもあり、外出先でも便利に使えます。

Notionの細かいページ設計については、基本的にはパソコン推奨です。モバイルアプリからは、閲覧やかんたんな入力にとどめておくのがおすすめです。(一部の機能は使うことができません)

Check! スマホでの細かい操作について

Notionの仕様上、ドラッグ&ドロップで簡単にページを動かせてしまうので、スマホから細かい操作をしようとすると、意図せぬ移動も起きやすいです。

モバイルアプリは一列表示

モバイルアプリは複数列の表示ができず、一列で表示されます。

PC上で複数列のレイアウトをする際、スマホでの表示を考えてレイアウトしましょう。

表示の優先順位は、下の画像のように、左上→左下、右上→右下となります。

▼ PCでのレイアウト

表示順

1 画像を追加する

2 画像を追加する

3 画像を追加する

4 画像を追加する

5 画像を追加する

▼スマホでのレイアウト

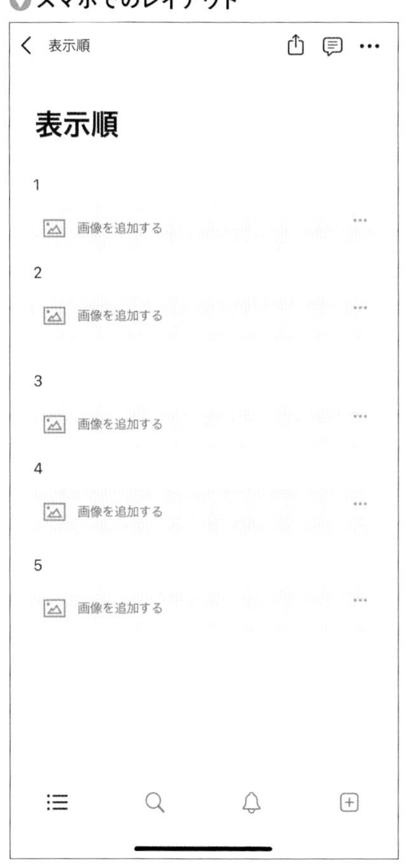

表示順をリセットするには、全幅の区切り線や、全幅の空白ブロックを入れます。すると、表示順が次の画像のように変わります。

PCでのレイアウト

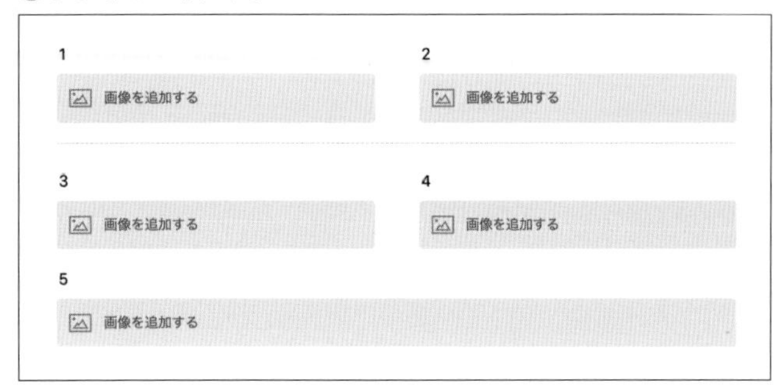

スマホでのレイアウト

ウィジェットを設定する

モバイルアプリはホーム画面にウィジェットを設定し、各ページへアクセスしやすくすることができます。

▽任意のページをホーム画面に表示できる

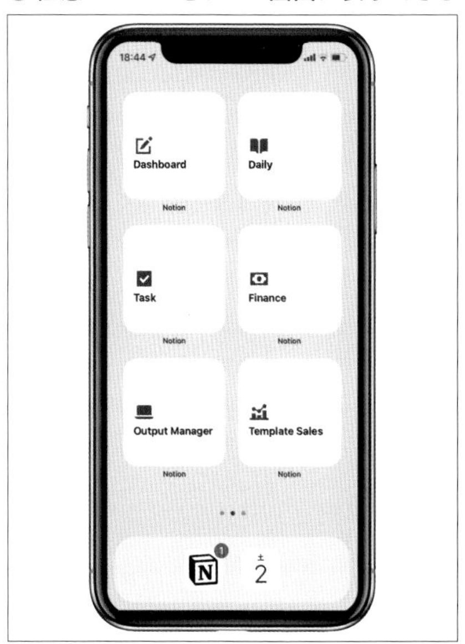

▽「最近使用したページ」を表示することもできる

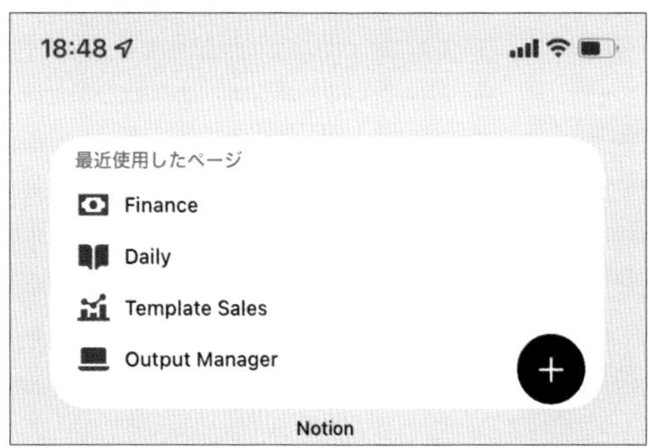

■iPhoneでのウィジェット設定方法

❶ ホーム画面を長押しし、左上の+をタップ

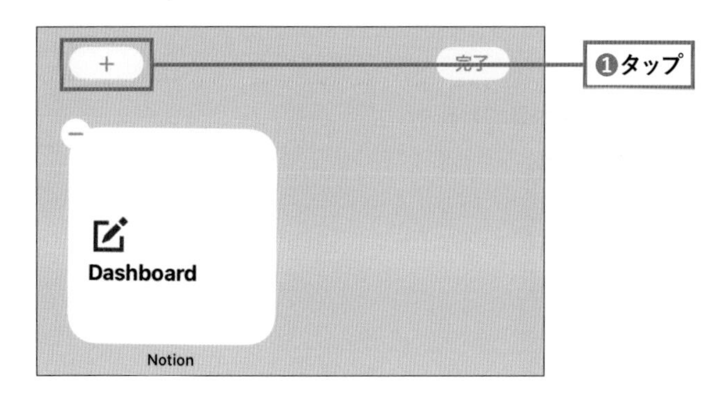

❷ ウィジェット検索で「Notion」と入力して検索
❸ 表示されたNotionをタップ

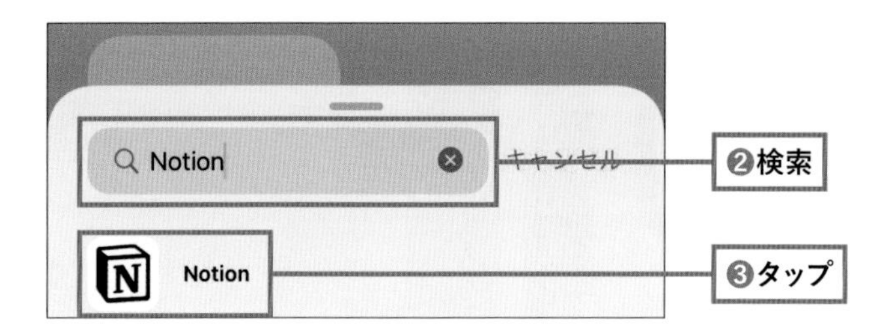

❹「ページ」の「ウィジェットを追加」をタップ

Check! ウィジェットの表示方法

左にスワイプすると、Notionのお気に入りページや、最近使ったページのウィジェットも作成可能です。

❺ 追加されたウィジェットをタップ

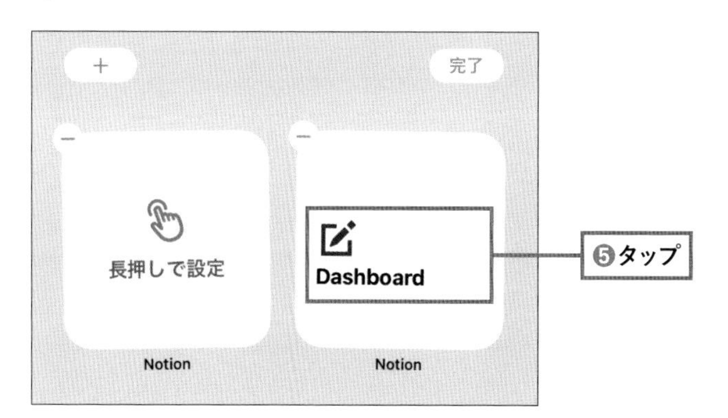

❻ ワークスペースとページをそれぞれタップし選択

❼ 右上の「完了」をタップ

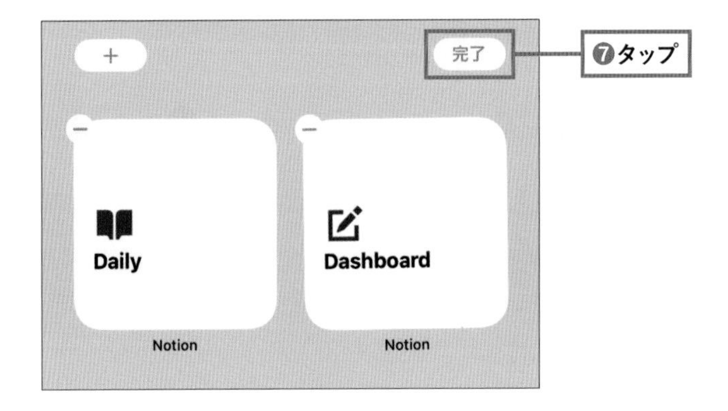

Chapter

Chapter 6

みんなで Notionを使おう

Notionでできる公開・共有

Notionのページは公開したり、ワークスペースを共同編集することができます。

Notionを共有する3つのパターン

共有のパターンは3つあります。

- **①ページをWeb公開する**
- **②ページを任意のユーザーと共有する**
- **③チームでワークスペースを利用する**

無料プランの場合、①と②の機能が使えます。(②は共有できる人数制限あり)

共有前の確認：ドメイン

共有前に、ドメインを確認しておきましょう。

設定画面から、ドメインの一部（サブドメイン）を設定できます。URLの一部として表示される部分です。

(https://●●.notion.site/…　の●●の部分)

デフォルトのままでも問題ありませんが、一度URLを共有してしまうと後から変更しづらいため、**任意のドメインにしたい場合は、利用可能か確認しあらかじめ設定しておきましょう。**

サイドバーの「設定」→「設定」→「パブリック設定」の「ドメイン」→「自分で設定する」の順にクリックします。

希望するドメインを入力し、利用可能なドメインを探します。「利用可」と表示されたら、「保存」をクリックして完了です。

Check! 独自ドメインについて

外部サービスを利用して独自ドメインを使うこともできます。

Notionのドメインの場合： https://●●.notion.site

独自ドメインの場合： https://●●.comなど

共有前の確認：公開される階層

ページ公開・共有する場合、そのページ階層以下が公開となります。つまり、他のページが誤って入ってしまうと、意図しないページも公開・共有されてしまうので注意が必要です。

ページのWeb公開

Notionで作成したページは、簡単にオンラインで公開することができます。

- Web公開は無料プランでも可能です
- URLを共有すれば、Notionユーザーでなくても、誰でもそのページを閲覧することができます
- 簡易ホームページや、ポートフォリオ、Notionのテンプレートの配布などに使えます

ページのWeb公開設定

❶ 公開したいページの右上の「共有」をクリック
❷「Web公開」タブをクリック
❸「公開」ボタンをクリック

Webページが公開された後、以下を設定できます。

- リンクの有効期限：リンクの期限を設定する（有料プラン）
- 編集を許可：オンにすると、ログインしているNotionユーザーは誰でもこのページを編集可能になる
- コメントを許可：オンにすると、ログインしているNotionユーザーは誰でもこのページにコメントを追加可能になる
- テンプレートとして複製を許可：オンにすると、Notionユーザーはこのページを自分のワークスペースに複製可能になる
- ネット検索を許可：オンにすると、ページが検索エンジンの検索結果に表示される（インデックス化できる）。他のユーザーがページを見つけやすくなる

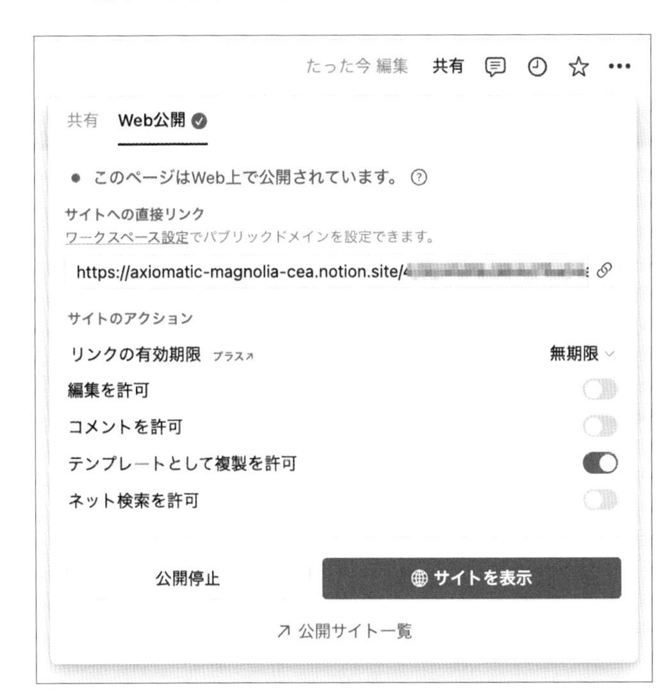

Check! 公開設定についての注意

デフォルトでは「テンプレートとして複製を許可」がオンになっているので、複製を許可しない場合はオフにしましょう。

Web公開したページのURLを取得

公開したページのURLを取得し、SNSなどで宣伝しましょう。

❶ 公開したページの右上の「共有」をクリック
❷「Web公開」をクリック
❸ アイコンをクリックしてコピー

Web公開したページの確認

Web公開したページの目印は2つあります。

- 各ページでの確認：Web公開したページの上部に「このページは…notion.siteで公開されています」と表示される

- 「サイト」での確認：公開したページの一覧は、サイドバーの設定>サイトから確認できる

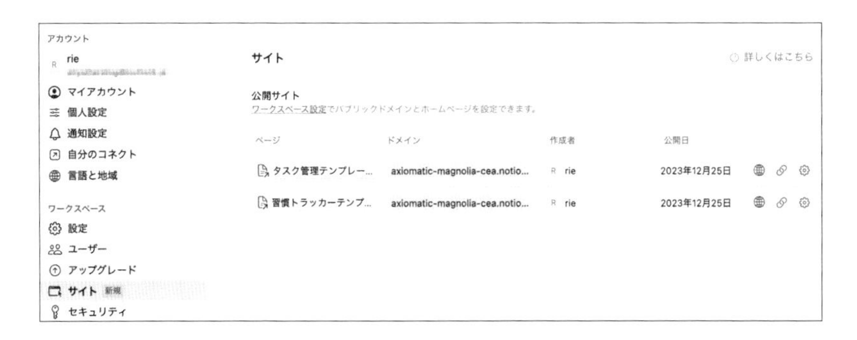

Check! パブリックホームページ

有料プランでは、「パブリックホームページ」の設定が可能です。
「https://●●.notion.site/…」のURL後半のページIDが省略された「https://●●.notion.site」を1ページ設定することができます。

ページのアナリティクスを確認

ページにどのくらいアクセスがあったか確認することができます。

❶ ページ右上の ⋯ アイコンをクリック
❷「ページアナリティクス」をクリック
❸「アナリティクスを表示」をクリック

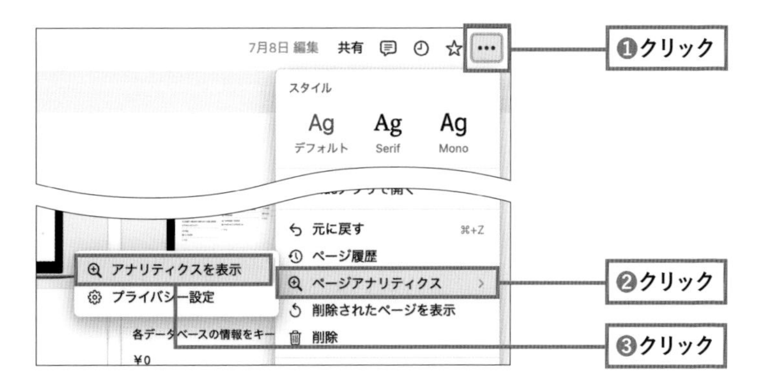

ページの閲覧数が表示されます。期間も選択可能です。

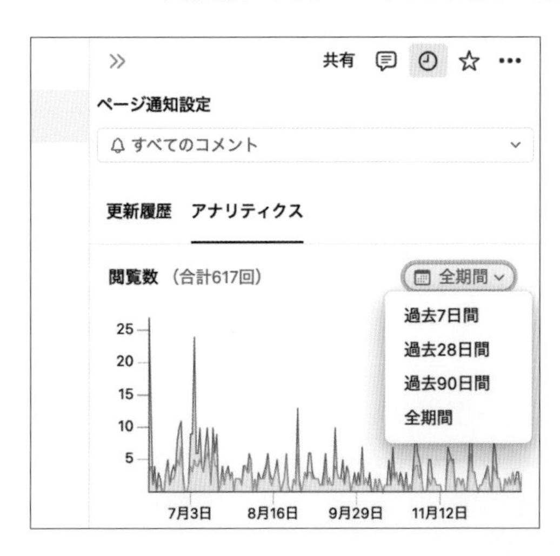

Section 6 04

任意のユーザーとのページ共有・ゲストユーザーの追加

Notionで作成したページは、任意のユーザーと共有することができます。

- 無料プランでも、10人までゲストユーザーを招待できます
- ゲストユーザーは、招待されたページにアクセスでき、コメントや編集が可能です。家族や友人で気軽にページを作ることができます（例えば、旅行計画を立てたり、家族の予定を共有したりできます）

Check! プラスプランの場合

プラスプランの場合は100人までゲストユーザーを招待できます。例えばチームでワークスペースを使う場合にも、あるプロジェクトのページだけを社外の人と共有したい時に使えます。

特定ページへのゲストユーザーの招待

招待する人の作業

❶ 共有したいページの右上の「共有」をクリック
❷「共有」タブでゲストユーザーとして招待したい人のメールアドレスを入力

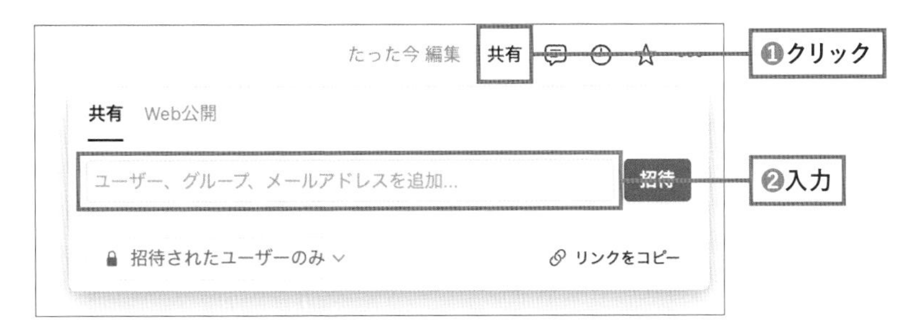

❸ サジェストをクリック

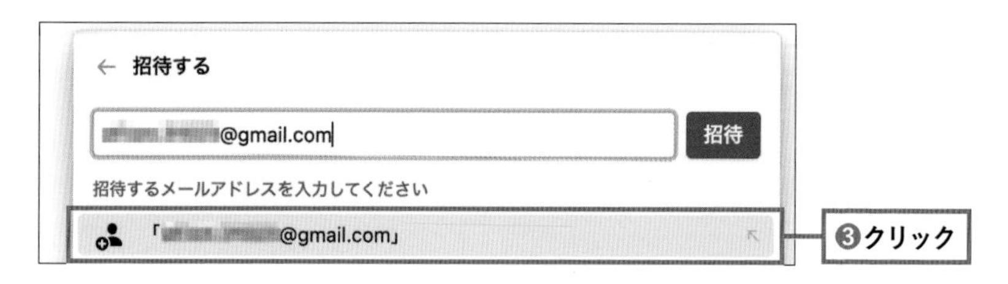

❹ ゲストユーザーのアクセルレベルを選択
❺「招待」ボタンをクリック

Check! ゲストユーザーのアクセスレベル

❹で選択する「ゲストユーザーのアクセスレベル」について、できること、できないことは下記の通りです。

	ページを表示する	コメントする	編集する	他のユーザーに共有する
フルアクセス権限	○	○	○	○
編集権限	○	○	○	×
コメント権限	○	○	×	×
読み取り権限	○	×	×	×

自分がフリープランを使っている場合、ゲストユーザーに対して編集権限の付与はできません。

❻ ページ下に、「(メールアドレス)を招待しました」と表示される

Check! 「ワークスペースに追加」と表示される場合

今回の場合は、ページのみを共有したいため、「今はスキップ」でOKです。
このステップでワークスペースに追加すると、チームスペースが自動的に作成され、有料プランのお試し版としてブロックの制限がかかってしまいます。
ワークスペース自体の共有をしたい場合については後述します。

招待された人の作業

❶ 招待されたユーザーには、案内メールが届く
❷ 「招待を承諾」をクリック

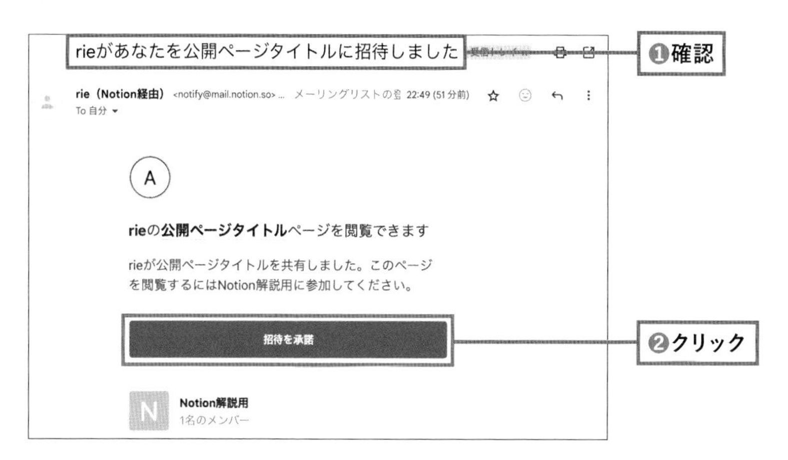

❸ 認証画面が表示される
❹ メールボックスに別途届く一時的なログインコードをペーストするか、GoogleアカウントまたはAppleアカウントで認証する

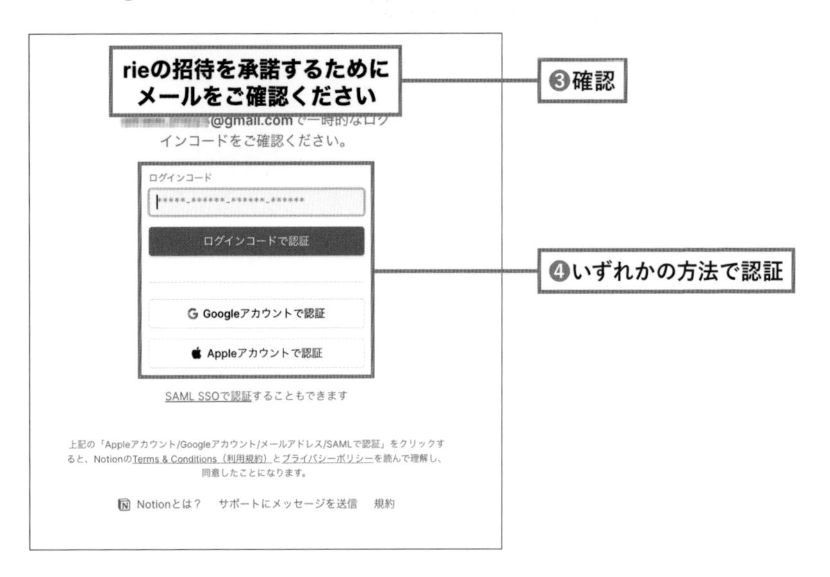

Check! メールボックスに送付されるログインコードのメール内容

❹でログインコードを使用して承諾したい場合は、このようなメールに記載されているログインコードをテキストボックスにコピー＆ペーストしましょう。

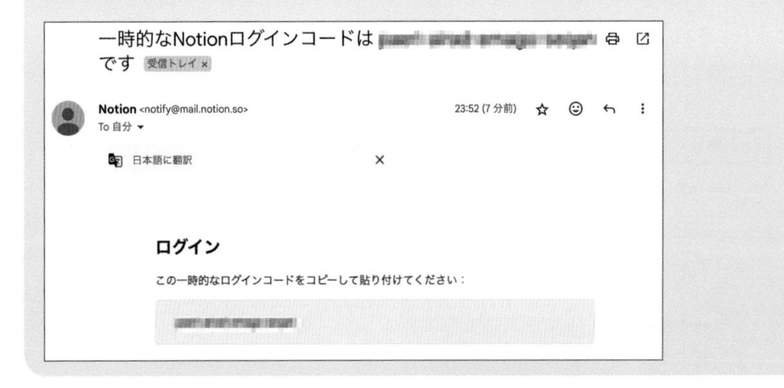

❺ Notionの登録画面が表示される

Notionアカウントの登録方法はP.13の「Notionの登録方法」で解説しています。

共有したページの確認

ゲストユーザーを招待したページは、サイドバーの「シェア」セクションに表示されます。

シェア
> Share

ゲストユーザーの確認

招待したゲストユーザーの一覧は、サイドバーの「設定」＞「ユーザー」＞「ゲスト」で確認できます。

ゲストユーザーのユーザー名、メールアドレス、アクセスできるページと権限が表示されます。

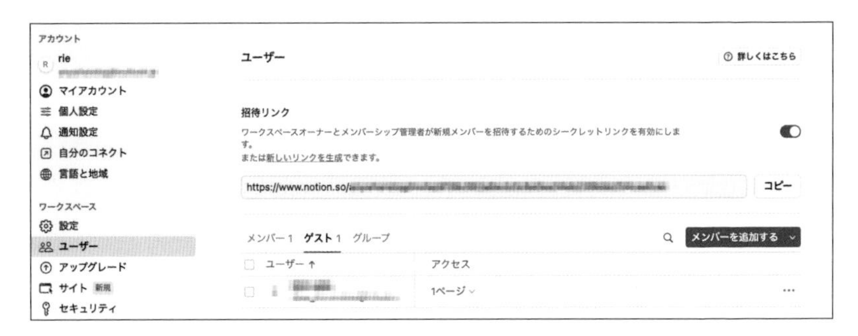

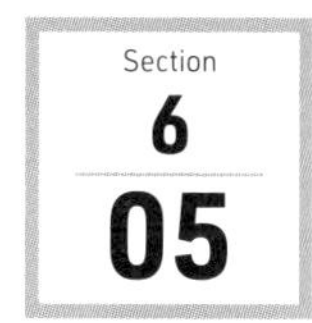

コメントでコミュニケーション

Notionではドキュメントにコメント機能がついており、ユーザー同士がコミュニケーションすることができます。

コメントでできること

- メンションでユーザーを追加し通知
- 画像などを貼る
- 絵文字でリアクション
- テキスト装飾
- 解決をクリックすると非表示になる
- コメント履歴は、ページ右上の アイコンからサイドバーが開き、確認できる

▼コメントの入力画面

▼コメントの履歴画面

コメントが使える場所

コメント機能が使える場所は、ページ・ブロック・テキストの3つです。

ページへのコメント

▼通常のページ上部に表示される「コメントを追加」から

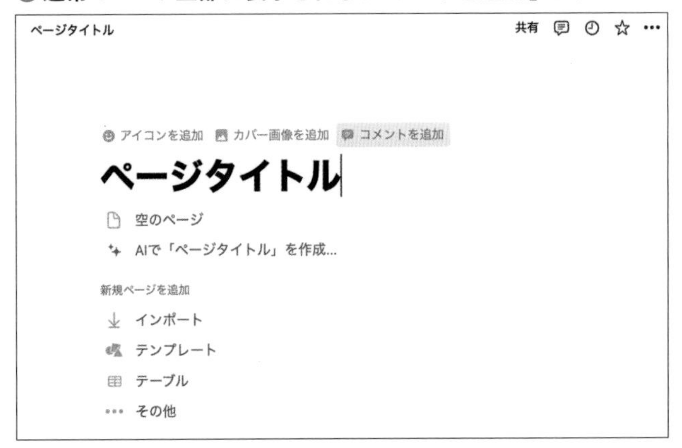

▼データベースアイテム（ページ）の「コメントを追加」から

ブロックへのコメント

ブロック左の⠿アイコン>「コメント」から

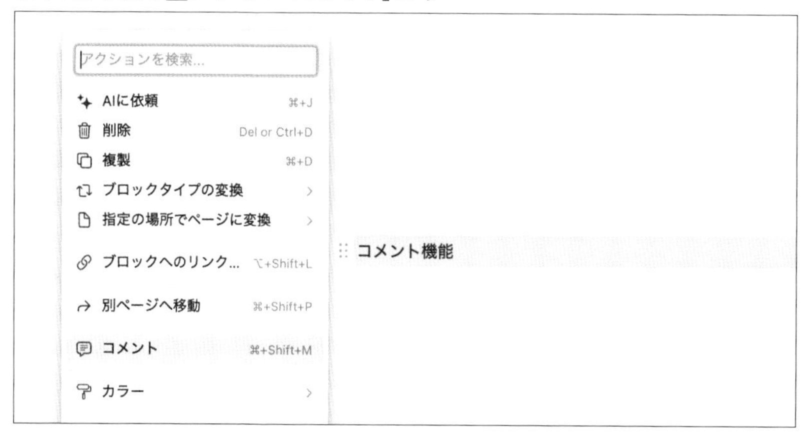

テキストへのコメント

テキストを選択して、表示されるメニューの「コメント」から

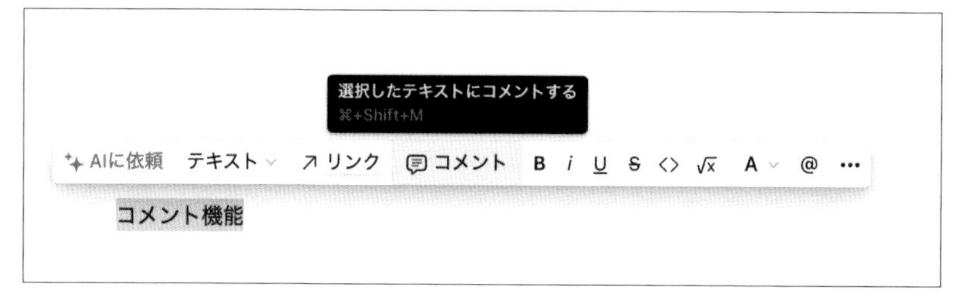

Section 6 06 チームでワークスペースを利用するための基本の概念

ここまでは、個人の無料プランでできることを主に紹介してきました。

ここからは、単体のページ共有にとどまらず、ワークスペース自体をチームで使いたい場合について解説します。

まずは、基本の概念からおさえましょう。

復習：ワークスペースは一人あたり複数持てる

ワークスペースは、1つのメールアドレスに対して複数のワークスペースを持つことができます。また、複数のメールアドレスを使うこともできます。

例えば、個人用と会社用とワークスペースを分けることができます。プランはワークスペース毎に適用されます。

ただ、なるべくシンプルに少なく運用する方が、情報を集約しやすいのでおすすめです。（例えば、一つの会社で何個もワークスペースを作るのはおすすめしません。後述する「チームスペース」で使い分けましょう。）

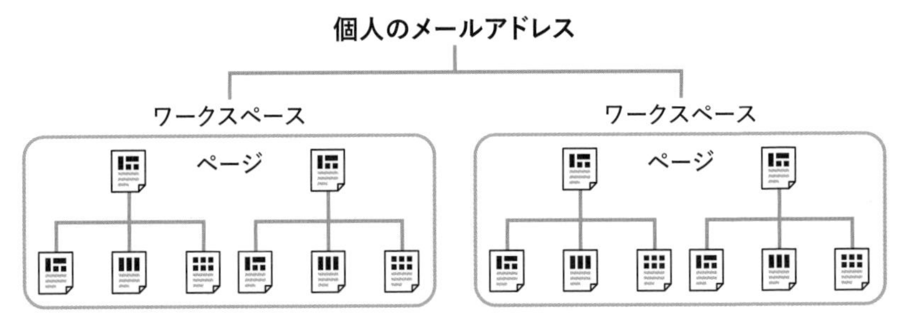

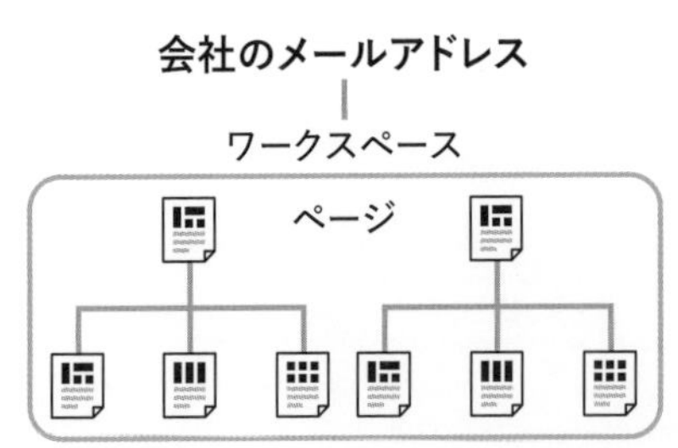

▼ワークスペースの切り替えはワンクリックでできる

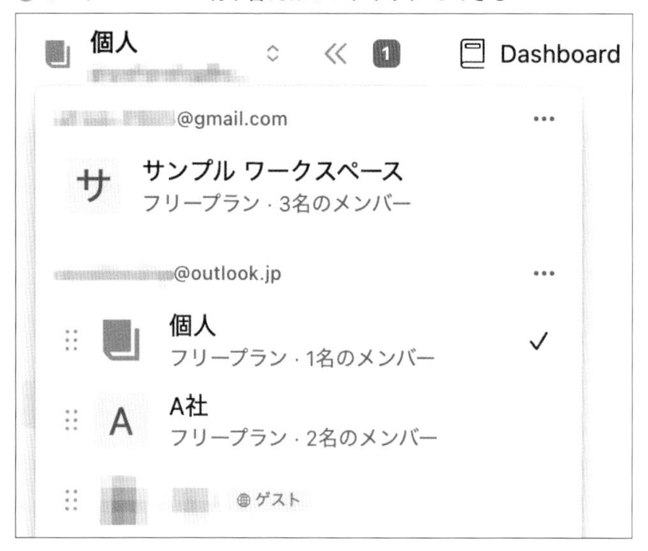

チームでNotionのワークスペースを使うには

- **プラスプラン以上に加入する必要があります。**（フリープランでお試しもできますが、1000ブロックの制限があります）
- **新たに「チームスペース」という概念が出てきます。**A社のワークスペースの中に、制作部、広報部などのチームスペースがあるイメージです
- 権限を持つ「**メンバー**」と一緒に、ワークスペース内の「チームスペース」セクションで共同編集を行います
- **「メンバー」1名あたりに対して利用料金がかかります**
- メンバーの他に、ページに対して「ゲストユーザー」を招待できます。（P.273で解説）

6

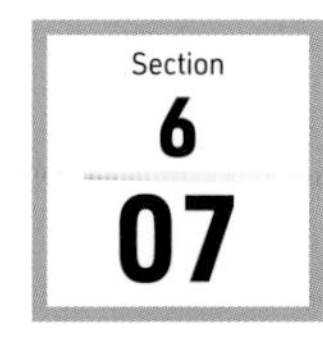

チームで使う ワークスペースの作成

まずは、チームで使うワークスペースを用意してみましょう。

ワークスペースの新規作成

既存のアカウントから新規ワークスペースを作る場合

❶ ワークスペース切り替えメニューの[…]アイコンをクリック
❷「ワークスペースへの参加・新規作成」をクリックし、次のステップに進む

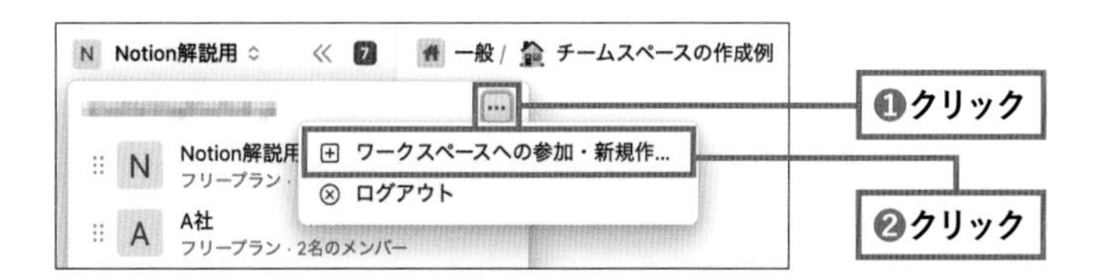

アカウントから新規作成する場合

❶ Chapter1の「Notionの登録方法」を参照し、プラン選択画面まで進む(P.13参照)。「チームで利用」をクリック
❷「続ける」ボタンをクリック

❸「あなたについて教えてください」を回答
❹「続ける」ボタンをクリック

❺ ワークスペース名（会社名など）を入力
❻「続ける」ボタンをクリック

Check! ワークスペース名の変更について

ワークスペース名は後から変更することができます。サイドバーの「設定」＞ワークスペースの「設定」＞「ワークスペース名」を順にクリックし、変更しましょう。

❼ このワークスペースを使うメンバーを招待する。「共有可能なリンク」を取得するからURLをコピーして共有するか、メールアドレスを入力する。（「＋さらに追加するか、まとめて招待する」をクリックすると、コンマ区切りで一括入力できる）
❽「Notionに移動する」をクリック

Check! メンバーの追加は後からでも可能

メンバーの追加は、後からでも可能です。サイドバーの「設定」＞ワークスペースの「ユーザー」＞「メンバーを追加する」を順にクリックして追加しましょう。

❾ チーム用のワークスペースが完成。チームで使うためのチームスペースセクションが表示される

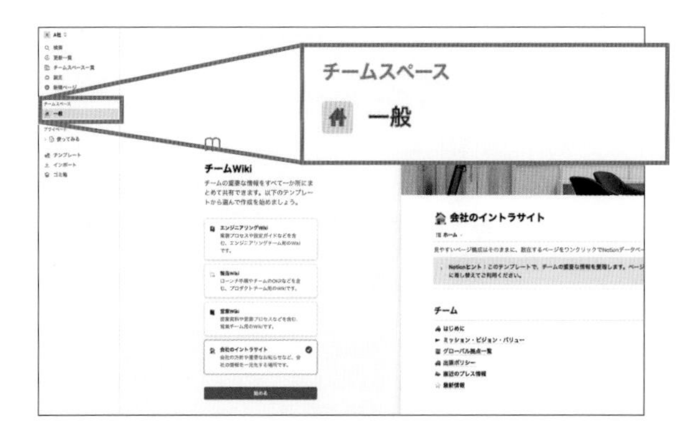

チームスペースの作成

　これまでのステップで、チームで使うためのワークスペースを用意しました。ここからは「チームスペース」について見ていきましょう。

デフォルトのチームスペースの確認

　まずは自動で作成されたチームスペースを見てみましょう。

　下の画像を見ると、チームスペースのセクションに「一般」が追加されています。これはデフォルトのチームスペースで、ワークスペースの新規および既存のメンバー全員が自動的に参加するチームスペースです。

A　A社
検索
更新一覧
チームスペース一覧
設定
新規ページ
チームスペース
一般

　「デフォルトのチームスペース」は、サイドバーの「設定」>「チームスペース」を順にクリックすることで確認できます。初期設定では、自動で作成された「一般」のチームスペースになっています。

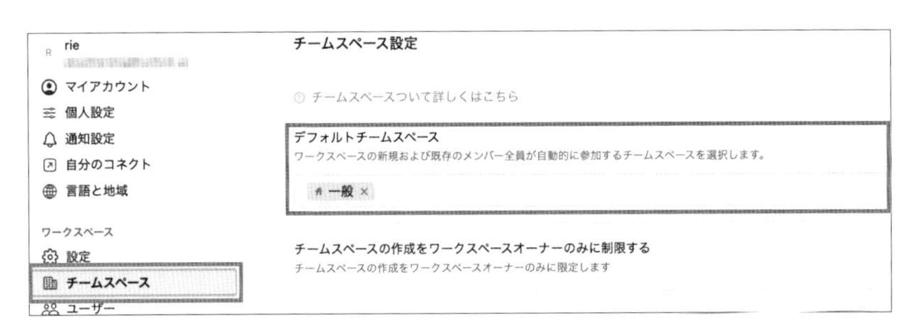

新規チームスペースの作成

先ほど自動で作成されたのは、全メンバーが自動的に参加するチームスペースでしたが、さらにチーム毎（制作部など）にチームスペースを作成したい場合について説明します。

❶ サイドバーの「チームスペース」セクションの見出しにカーソルを合わせると表示される＋アイコンをクリック

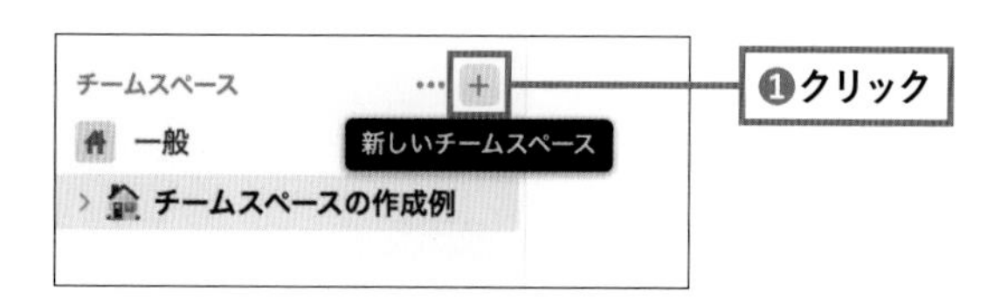

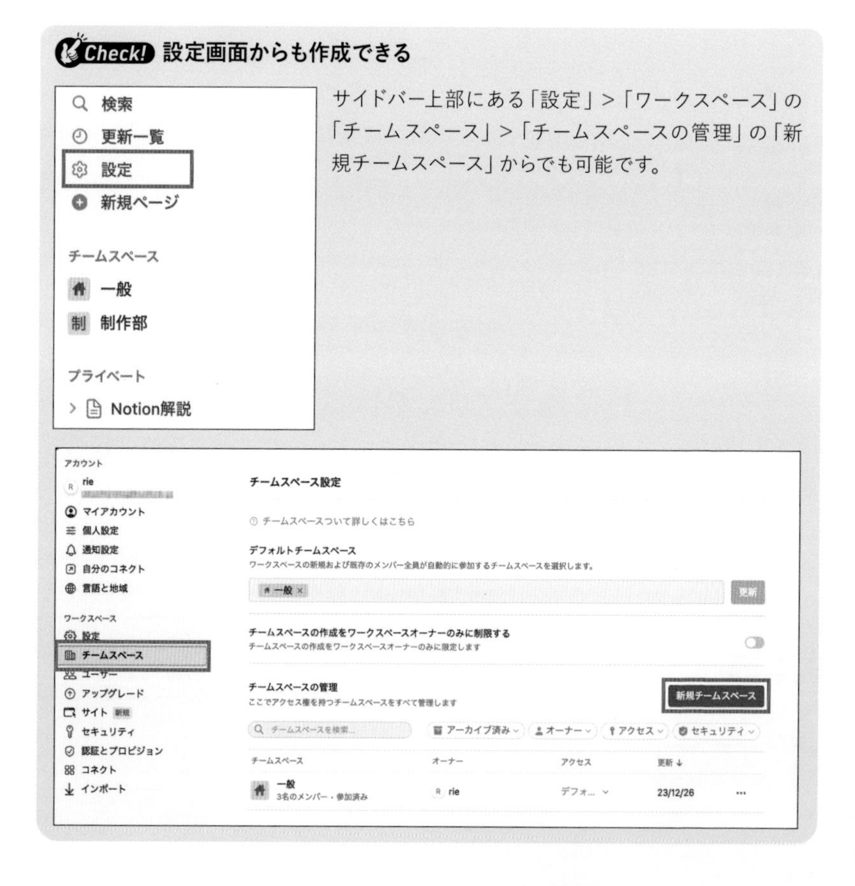

設定画面からも作成できる

サイドバー上部にある「設定」>「ワークスペース」の「チームスペース」>「チームスペースの管理」の「新規チームスペース」からでも可能です。

❷ チームスペースの新規登録画面が表示される
❸ チーム名を入力
❹ アイコンを設定（任意）
❺ 説明を入力（任意）
❻ アクセス許可についていずれかを選択

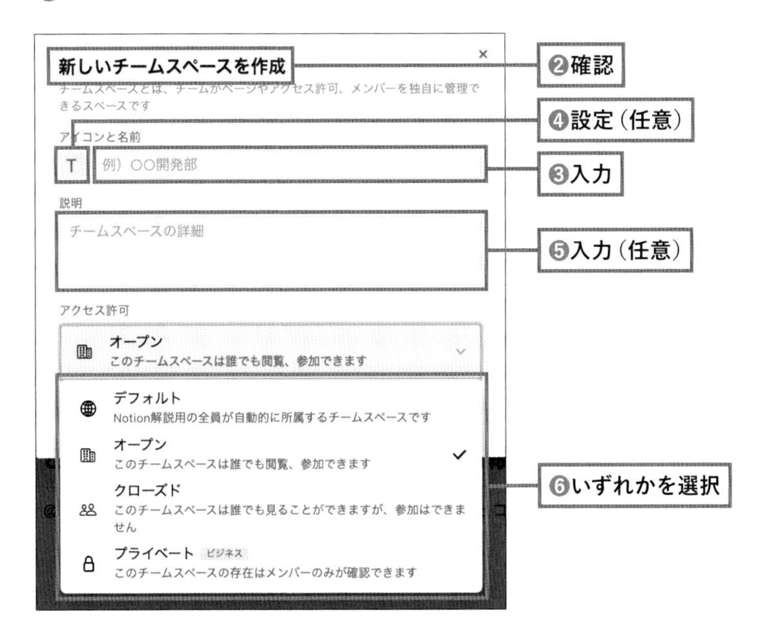

Check! チームスペースのアクセス許可について

- デフォルト：ワークスペースの新規および既存のメンバー全員が自動的に参加するチームスペース。（前Sectionで作成された「一般」チームスペースのこと）
- オープン：誰もが自由に参加でき、このチームスペース内のコンテンツを閲覧できる
- クローズド：存在自体は全員に表示されるが、オーナーかメンバーに招待されない限り、参加不可
- プライベート：このチームスペースのメンバーまたはオーナーのみが他のユーザーを追加でき、追加されていないユーザーにはチームスペースが表示されない（ビジネスプラン以上が設定可能）

6

❼「チームスペースを作成」ボタンをクリック

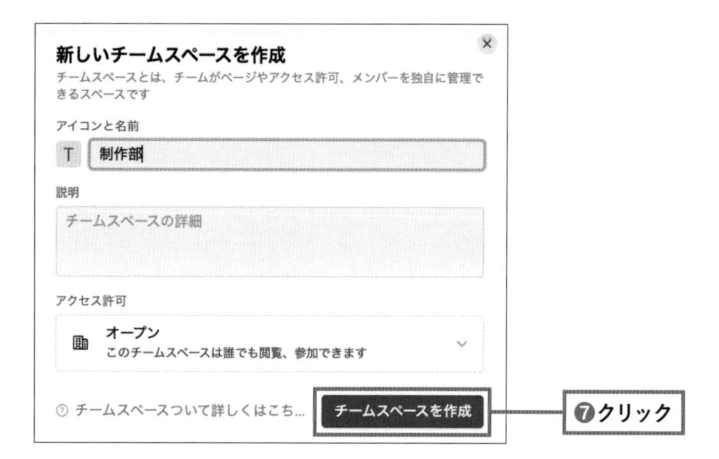

チームスペースへのメンバーの追加

チームスペースにまつわる権限と、メンバーの追加方法を確認します。

チームで使うための権限を理解する

チームで利用するにあたり、権限を理解しておきましょう。権限が大きい順に違いを解説します。

- **ワークスペースオーナー**

ワークスペースの設定/削除、ほかの管理者、メンバー、ゲストの管理を行える管理者。

- **メンバーシップ管理者（エンタープライズプランのみ）**

ワークスペースやグループからメンバーの追加/削除を行い、管理できます。ワークスペースの設定にはアクセスできません。

- **メンバー**

ワークスペースのチーム内のメンバーです。チームスペースのセクションを使い、共同で作業できます。Notionのページを作成・編集できます。設定の編集はできません。メンバー1名につき月10ドルの費用がかかります。（年払いの場合は月8ドル）

- **ゲスト**

特定のページで一緒に作業するチーム外のユーザーです。招待されたページにアクセスでき、コメントや編集が可能です。ワークスペース全体に招待することはできません。プランによって上限人数が異なります。（プラスプランはゲスト招待100人まで可能）

チームスペースにメンバーを追加

チームスペースにメンバーを追加します。

❶ サイドバーの「設定」>「ワークスペース」の「チームスペース」の順にクリックし、見出し「チームスペースの管理」でメンバーを追加したいチームスペースをクリック

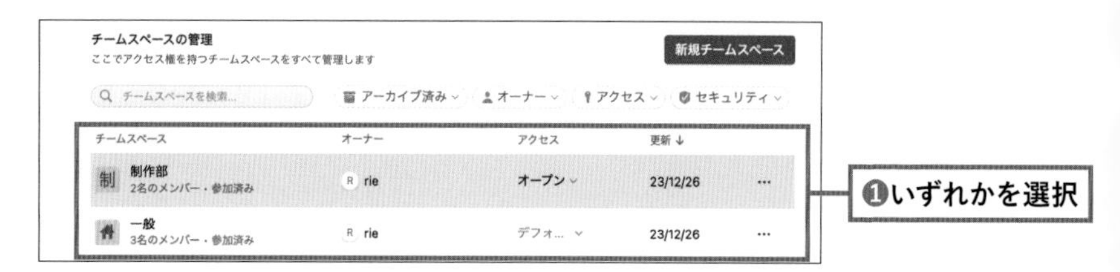

❷ チームスペースの設定画面が表示される。「メンバー」タブから「メンバーを追加」ボタンをクリック

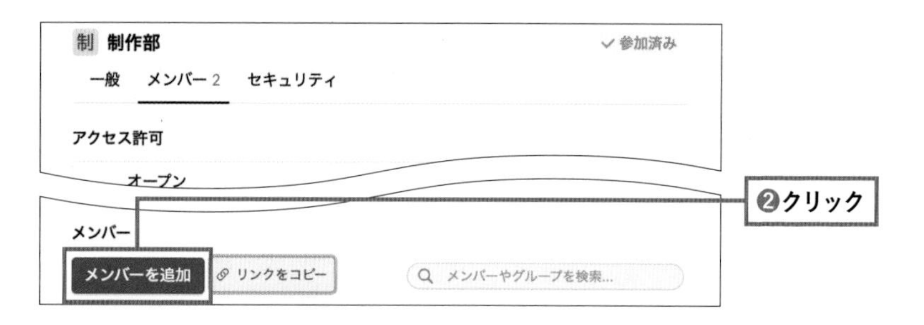

Check! URL共有で招待

リンクをコピーして共有し、招待することもできます。

❸ メールアドレスを入力。（Notionユーザーの場合はユーザーがサジェストされるので選択）

❹「招待」ボタンをクリック

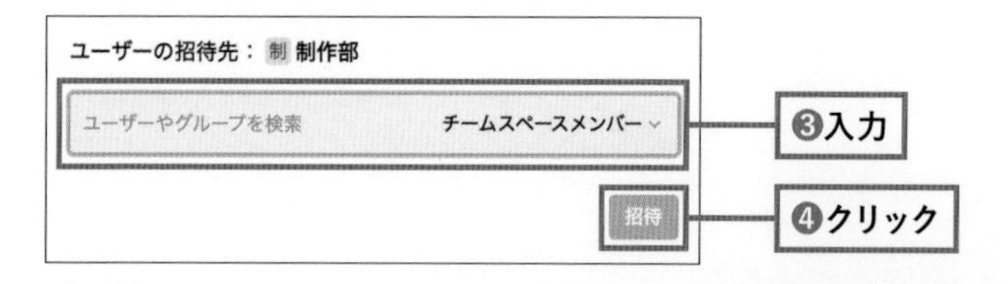

チームスペース運用のコツ

チームスペースにおすすめのテンプレートをチェック

優れたテンプレートが公式に揃っていますので、あらかじめチェックしてから設計を始めるのがおすすめです。

書籍特典のページにリンクがあるので、そこから複製して使用してください。

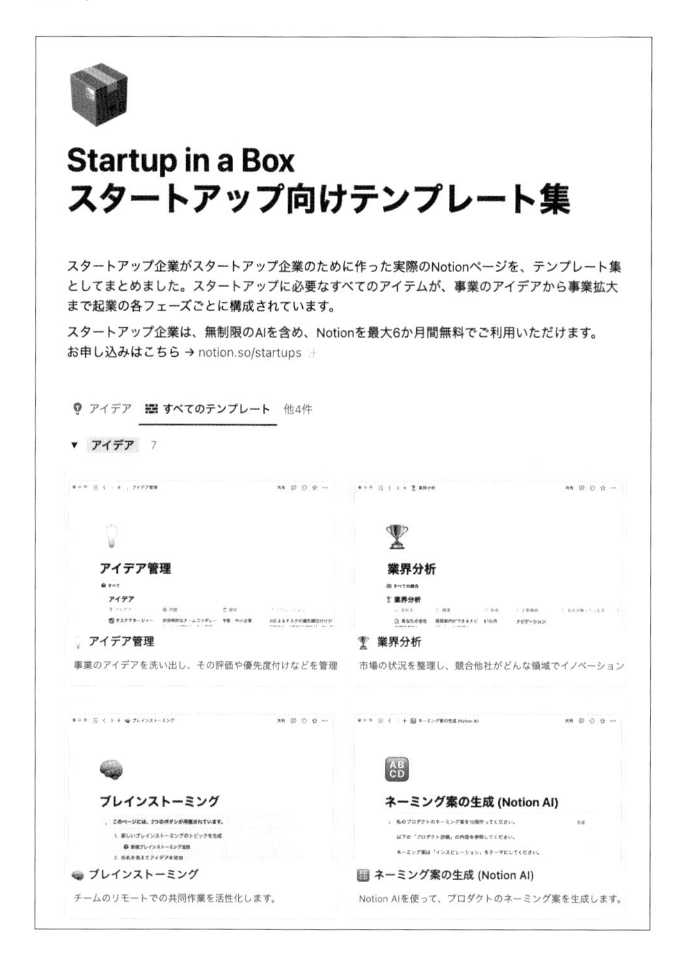

チームスペースは「チーム」に則り運用する

名前の通りなのですが、チームスペースには、「チーム名」を付けるのが良いです。

Notionによると、「Notionワークスペースがオフィスビルだとすれば、チームスペースは各部門が入っている各フロアやエリア」です。

例えば、細かいページをフォルダ分けするようにどんどん作っていく類のものではないです。チームスペースを増やしすぎるとそれだけ権限管理が複雑になります。

▼チームスペース構成例

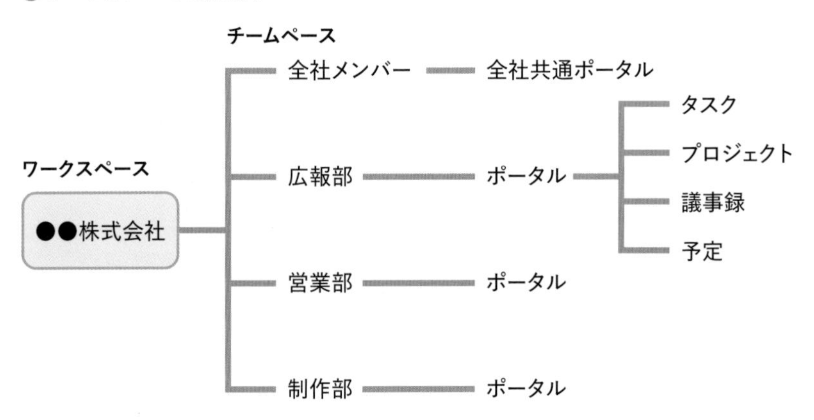

小規模なチームの場合

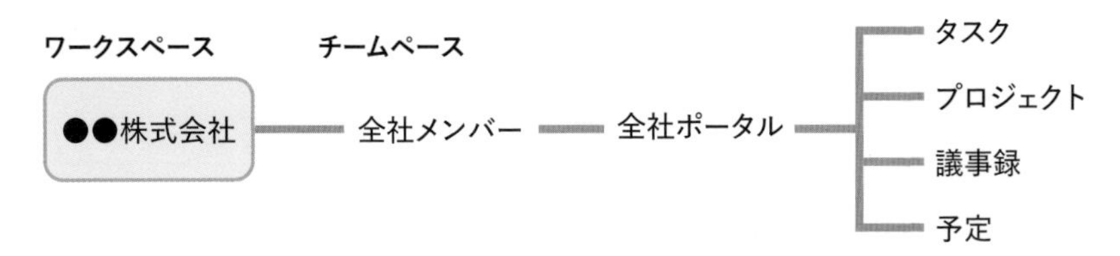

チーム毎にポータルページを作る

チームスペース直下にポータルページを作成するのがおすすめです。

ポータルページとは、下画像のようなページです。P.245のWiki機能を使うとさらに便利です。

マイページを作る

チームスペース内でのデータベースのビューは、人数が多いと無限にできてしまう可能性があります。例えばタスク管理のデータベースで、「田中のビュー」などを各自がどんどん増やしていってしまうと、誰が使ってるかわからないビューも増えてしまい、使っているビューと使っていないビューの判断ができなくなります。

このような事態を防ぐために、チームスペース内に「マイページ」を作っておくと、煩雑になりません。各自が「マイページ」を見るだけで、自分の担当項目だけを確認できるようにすると便利です。

例として、担当タスクと担当プロジェクトを表示させるマイページを作成してみましょう。

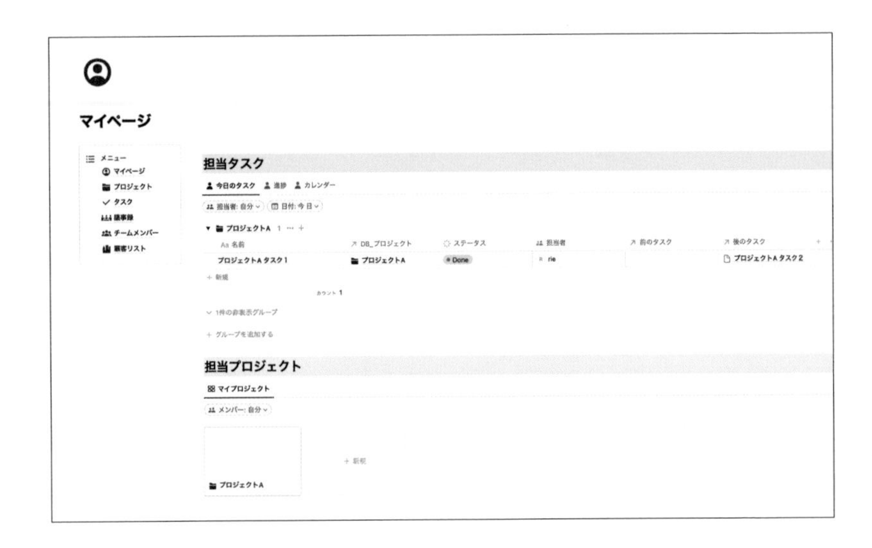

❶ チームスペース内で作成された「DB_タスク」のデータベースに、ユーザープロパティを追加し、担当者を選択する。「DB_プロジェクト」も同様

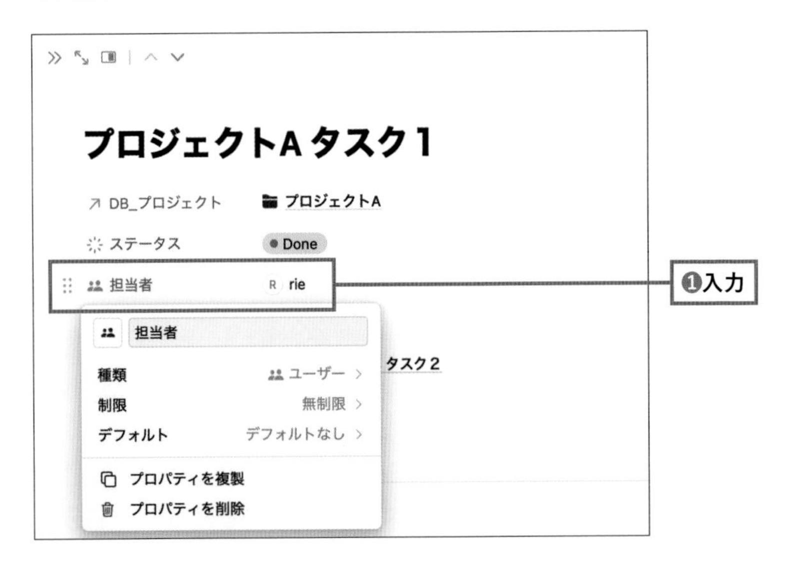

❷ チームスペース内に「マイページ」という名前のページを作成する
❸ P.204のリンクドビュー機能を使い、それぞれのデータベースの情報を呼び出す
❹ フィルターで、ユーザープロパティ「自分」をフィルタリングする

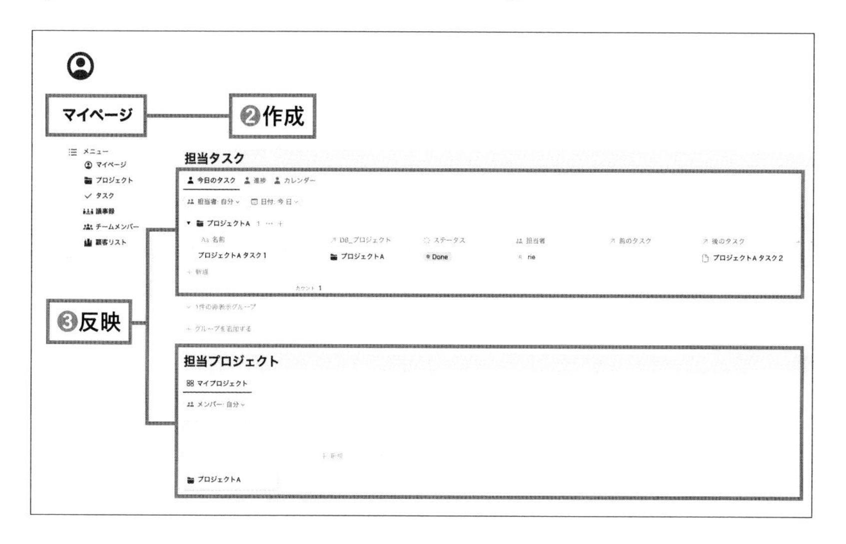

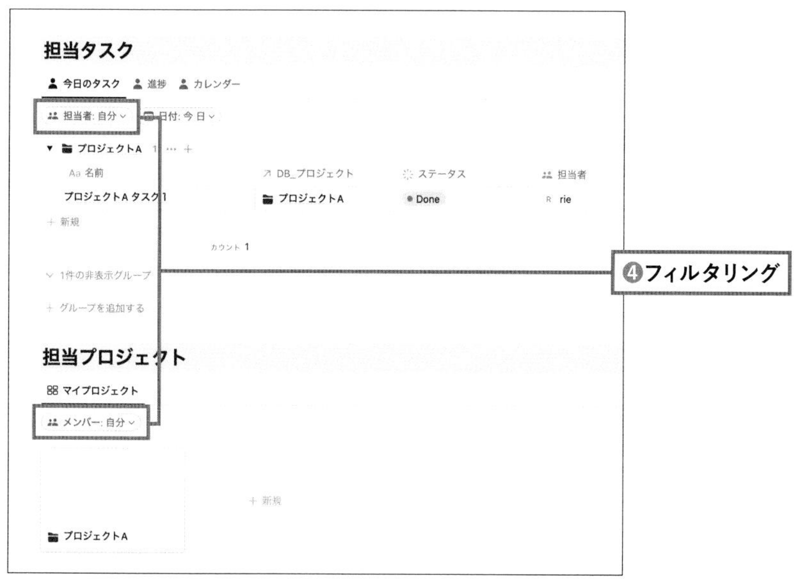

❹ …アイコン>「ビューをロック」をクリック（フィルターを固定する）。これで、メンバー各自が見たときに、自分のタスク・プロジェクトが表示されるようになる

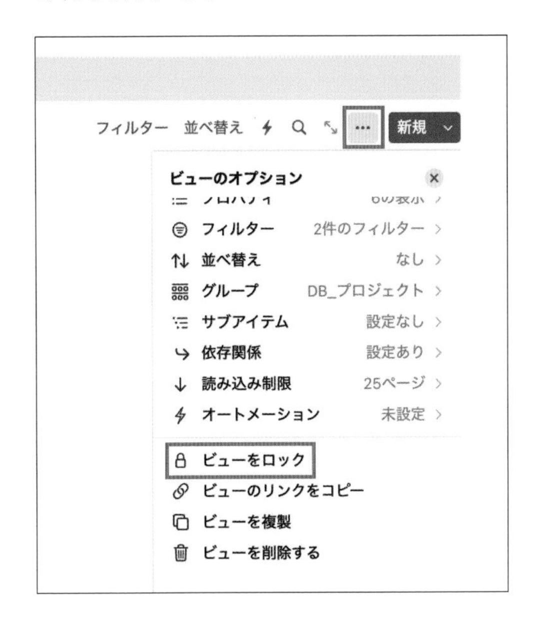

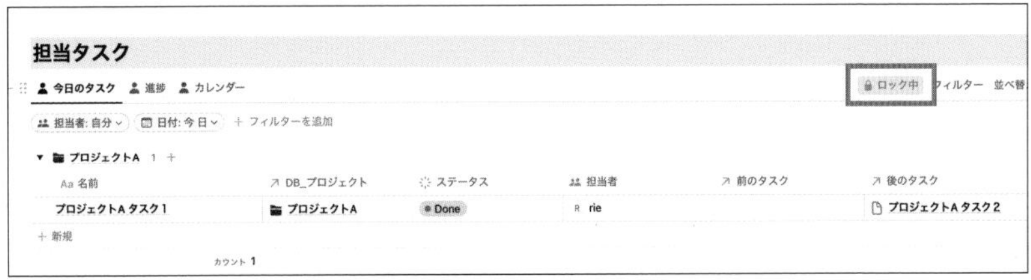

Notion担当を決める

Notionをチームで利用する場合、担当者を決めるのがおすすめです。

Notionはさまざまなページを自由に作れるので、みんなで使うページを各々自由に作成していってしまうと、情報がごちゃごちゃしてくることがが想定されます。全体の設計や運用改善においては、担当者がいた方が良いです。

例えば、こんなページを新たに作ったらどうか、データベースにこのプ

ロパティを足してもいいか、誰が作ったかわからないけど消していいのかわからない、ページを復元したいなど、何か決めたい時、相談したい時にも、担当者がいた方がスムーズです。

Notionを使いやすい状態に保つために行うべきポイントとして、以下のようなことがあります。

- ページを作る時のルール決めをする（例えばページに担当者と更新日時を入れるなど）
- 権限を管理する
- 増えすぎたプロパティを整理する
- 深くなりすぎたページ階層を整理する
- 誤って作成された空ページを消す
- 繰り返し入力される項目はデータベーステンプレートを登録する
- アナリティクスを確認してよく使われているページにアクセスしやすくする
- ボタン機能を使って作業を効率化する
- 古くなった情報をアーカイブとして別ページに保管する

このように、Notionを定期的に使いやすくアップデートしていくのがおすすめです。

データベースをWikiで管理する

チームで使うデータベースがたくさんある場合は、Wiki内でデータベースをまとめるページを作り、使うページでリンクドビューで呼び出す方法がおすすめです。Wikiの使い方はP.245を参照してください。

Chapter

Chapter 7

Notion AIを使ってみよう

Notion AIとは

Notion AIは、Notionでのドキュメント作成に使えるAIです。

ユーザーが指示を出すと、それに従ってテキストを追加、削除、または編集します。さまざまなメニューが用意されており、ドキュメント作成をサポートしてくれます。

Notion AIを使えば、下記のようなことが可能です。

- アイディアを生み出す
- すでにNotionにあるコンテンツを改善・修正する
- 制作物の土台を作成する
- 翻訳する
- 要約する

Notion AIは別料金

- 有料プランに追加する場合：年払いではメンバー1人当たり月額$8、月払いでは月額$10
- フリープランに追加する場合：月額$10

ワークスペース単位で利用することになります。

最初の20回は無料でお試しできます。

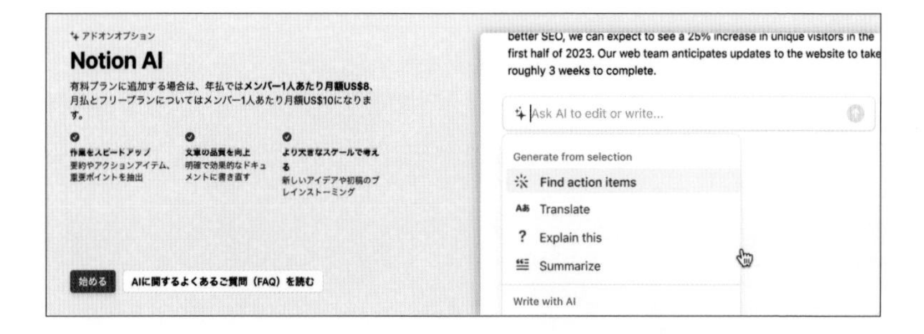

Section 7 02 ページ内での Notion AIの使い方

Notion AIは、通常のブロックと同様、/コマンドや＋アイコン、⠿アイコンなどから使用できます。

空のブロックから作成

ブロックをクリックして「/ai」と入力しましょう。Notion AIによるさまざまなドキュメント作成がメニューで表示されます。

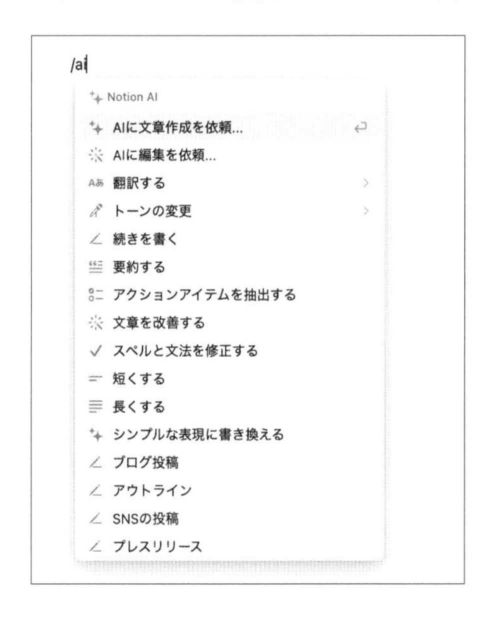

ブロック左側の＋アイコンからも可能です。

＋ ⠿ AIはスペース、コマンドは半角「/」または全角「；」を入力...

メニューが表示されるのでスクロールすると、以下のようなNotion AIの項目が出てきます。ここから利用したいものを選びましょう。

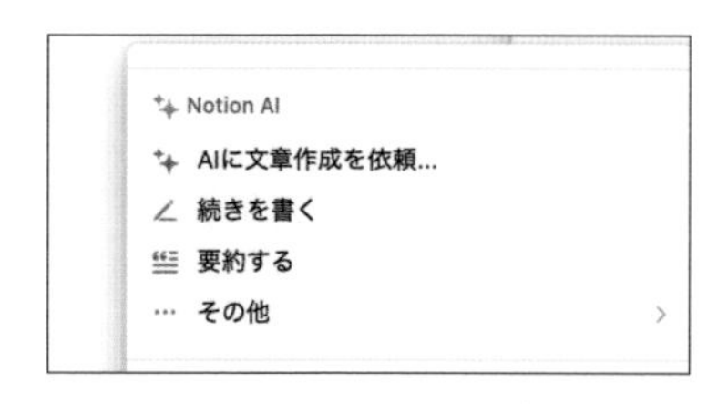

既存のコンテンツを編集

すでに作成された文章をAIで修正したい時は、ブロックの左側に表示される⠿アイコンをクリックしましょう。

表示されるメニューから「AIに依頼」をクリックします。

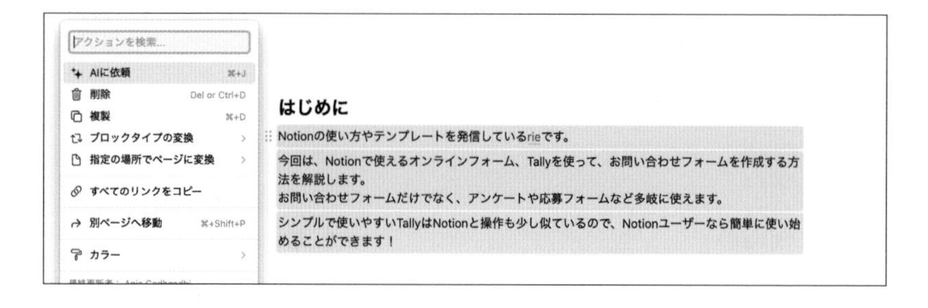

「選択範囲を編集またはレビュー」メニューが表示されるので、使いたいものを選択しましょう。

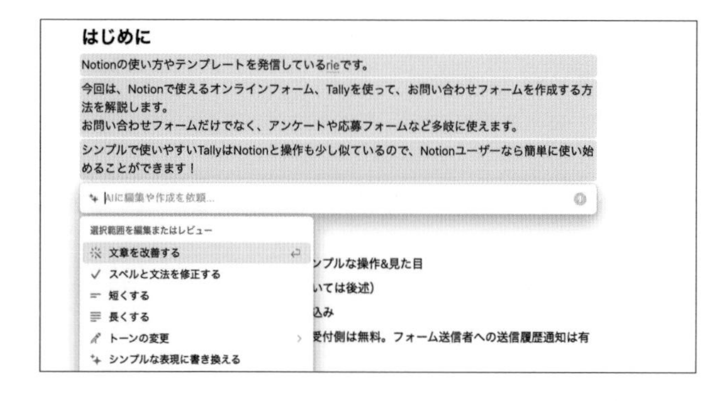

新規ページから作成

作成した新規ページから、「AIを使用して文章を作成...」をクリックして、使用しましょう。

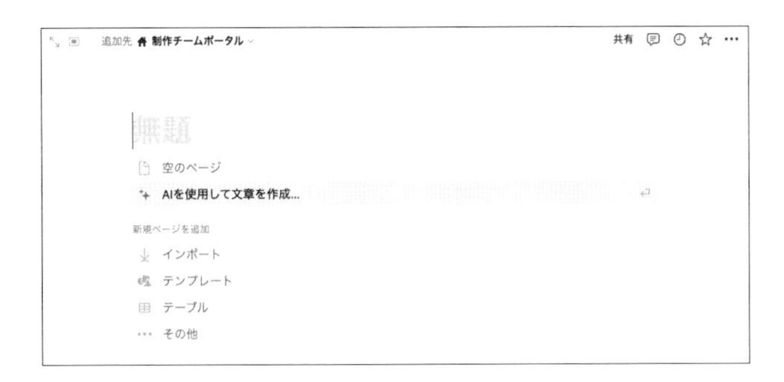

データベースプロパティでの利用

データベースプロパティでもAIを利用できます。ページ内の文章を要約したり、翻訳したりすることができます。

データベースに新規プロパティを作成し、AIのメニューを選択しましょう。

以下は、データベースのプロパティでNotion AIを利用して、データベースページ内の要約を行った画面です。

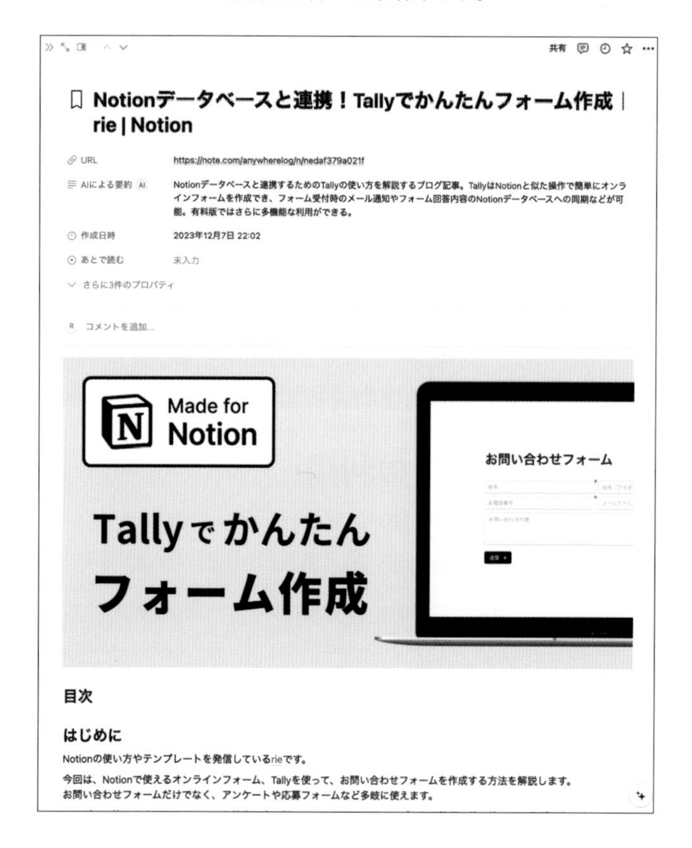

プロンプトについて

Notion AIを利用するにあたり、入力欄から質問や指示をする必要があります。これは「プロンプト（prompt）」と呼ばれています。

例えば、「○○のブログ記事を作成してください」などと入力すると、AIが文章を作成してくれます。プロンプトがうまく表現できていないと、望んだような処理がされない場合があります。なるべく明確で簡潔な質問をすること、適切なキーワードを使うことがAI利用のコツとなります。

AIだけで完璧なドキュメントを作成しようとすると正確さに欠けるため、たたき台を作る、文章をチェックする、アイディアを出すなどの目的で利用するのがおすすめです。

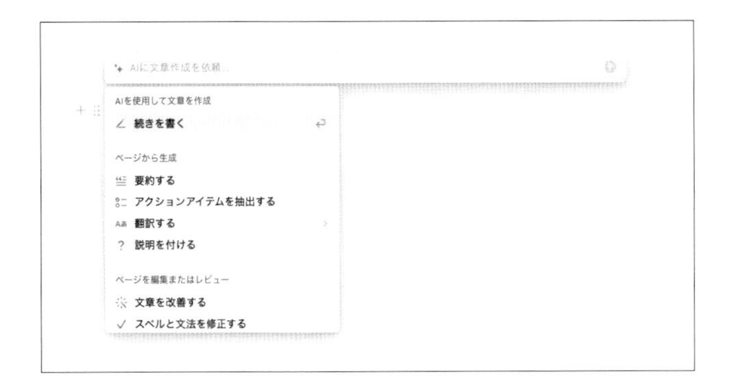

チェックリストを作成する

それでは、AIを使って簡単なアイディア出し＋チェックリストを作ってみましょう。海外旅行のための持ち物リストのたたき台を作ります。

❶ AIのメニューから、「ToDoリスト」を選択

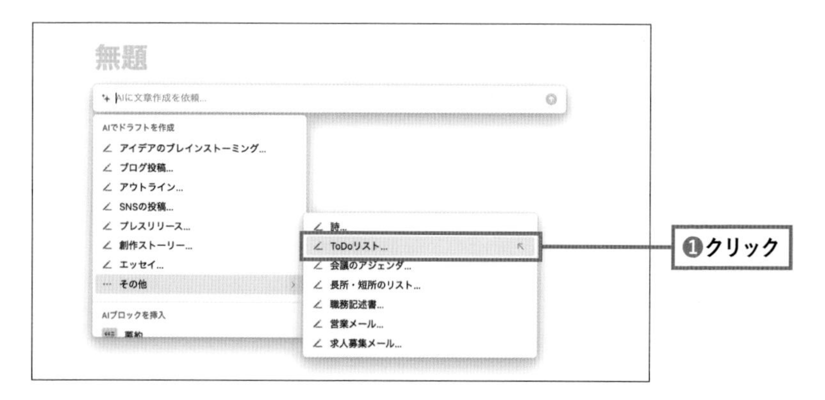

❷「次についてTodoリストを作成：」と自動入力されるので、その後ろに、作成したいチェックリストのタイトルを入力

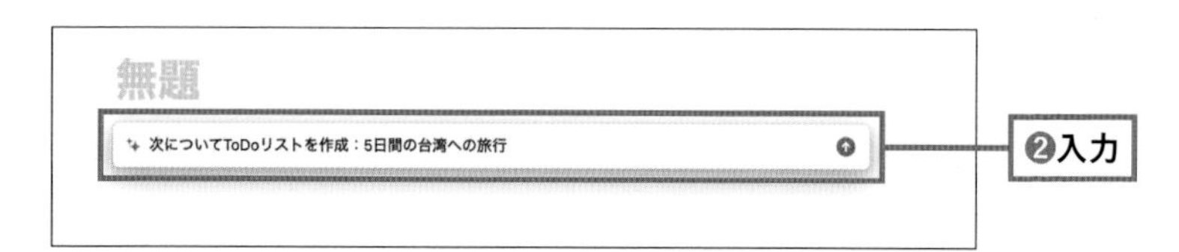

❸ さきほど入力した内容に沿ったページタイトルとTodoリストが自動生成される
❹ 内容に問題がなければ「完了」をクリック（他の操作を行いたい場合は適宜選択する）

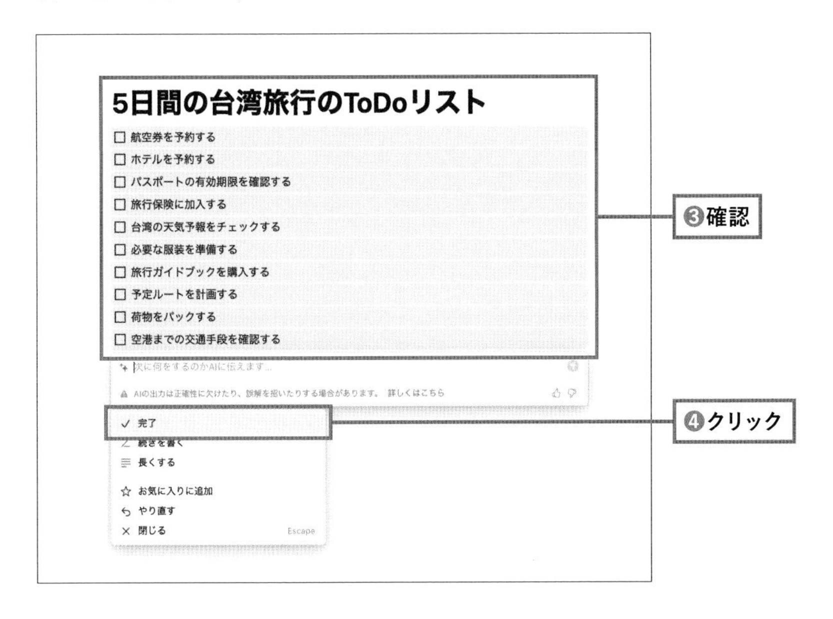

このように、項目の候補を一から考えるのが手間なときに、たたき台として使うことができます。

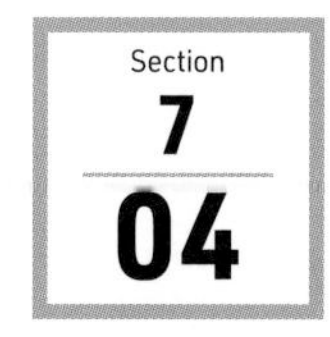

文章を改善する

すでに作成済みのドキュメントについて、AIで改善案を出すことができます。

❶ 改善したいブロックにポインタを置き、⠿アイコンをクリック
❷ 表示されるメニューから「AIに依頼」をクリック

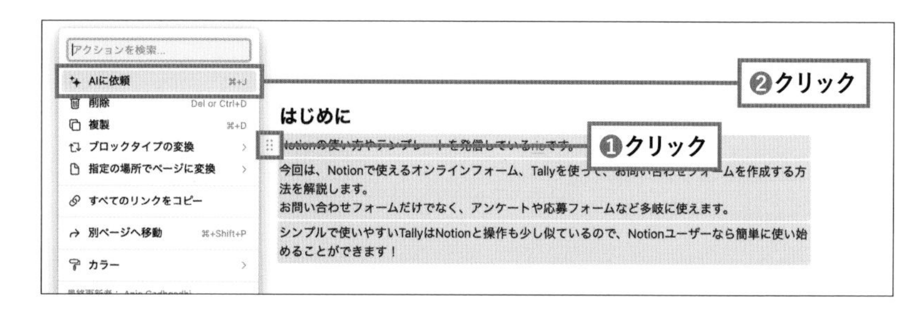

❸ さらに表示されたメニューから「文章を改善する」をクリック

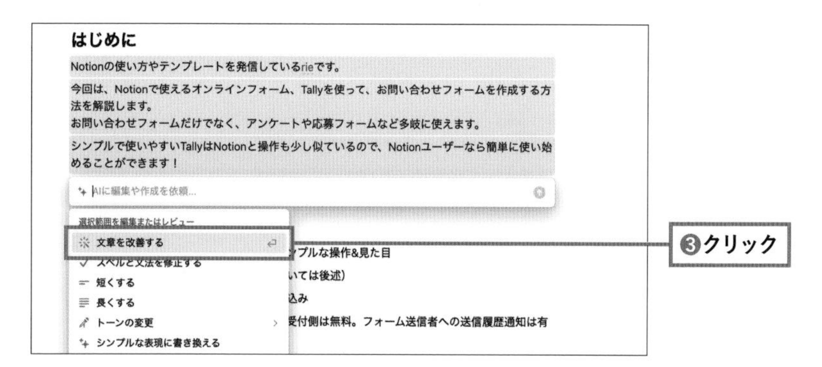

❹ AIの編集が始まる

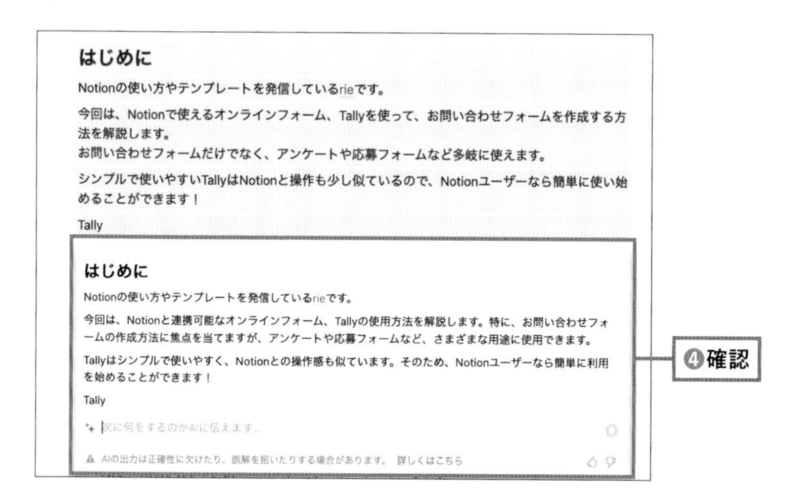

❺ AIの編集が完了すると、以下のようなメニューが表示されるので、任意のものを選択（画像はメニューの一部）

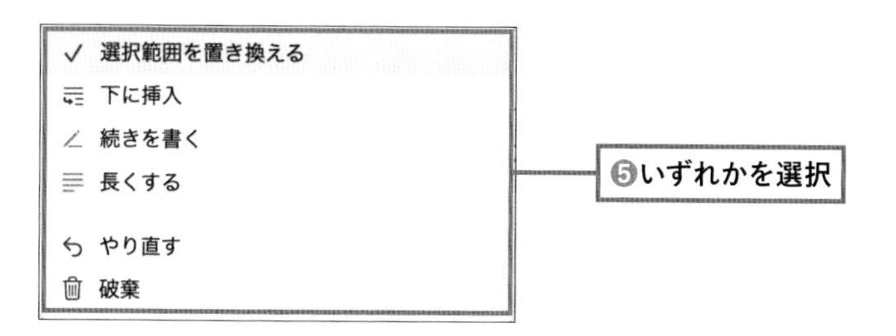

改善のメニューとしては、スペルや文法の修正、トーンの変更（フォーマル・カジュアルなど）、長くする、短くする、要約する、シンプルな表現に置き換えるなどが用意されています。

ブログ記事のたたき台を作成する

ブログ記事の土台を作成することができます。AIに主要なトピックを挙げてもらい、AIの編集が完了したらその後自分で修正することができます。

ブログ記事の文章作成

❶ 作成した新規ページで「AIを使用して文章を作成」をクリック

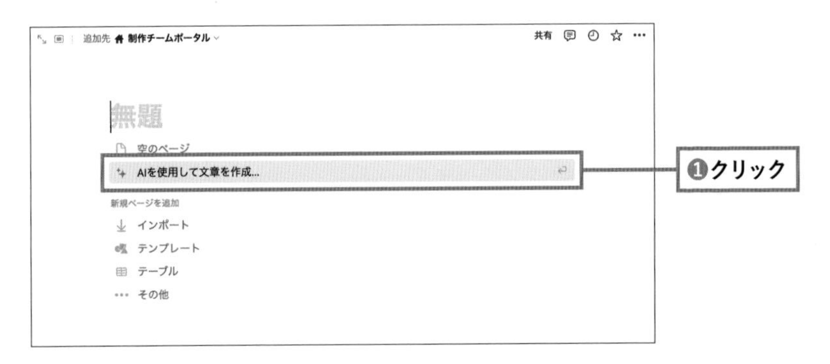

❷ 表示されたAIのメニューから「ブログ投稿...」を選択

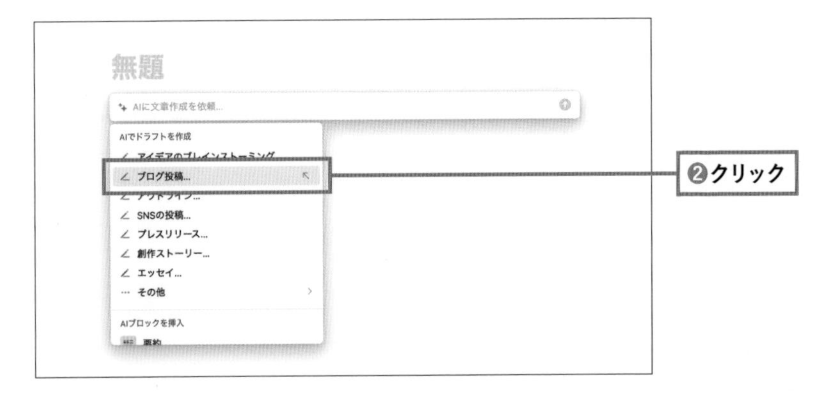

❸「次についてブログ記事を執筆：」と自動入力されるので、後ろにブログ記事のタイトルを入力

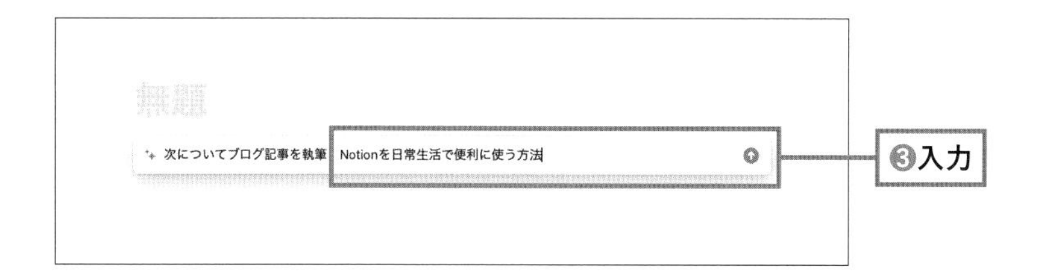

❹ AIが編集を開始する。完了したら、任意のものを選択

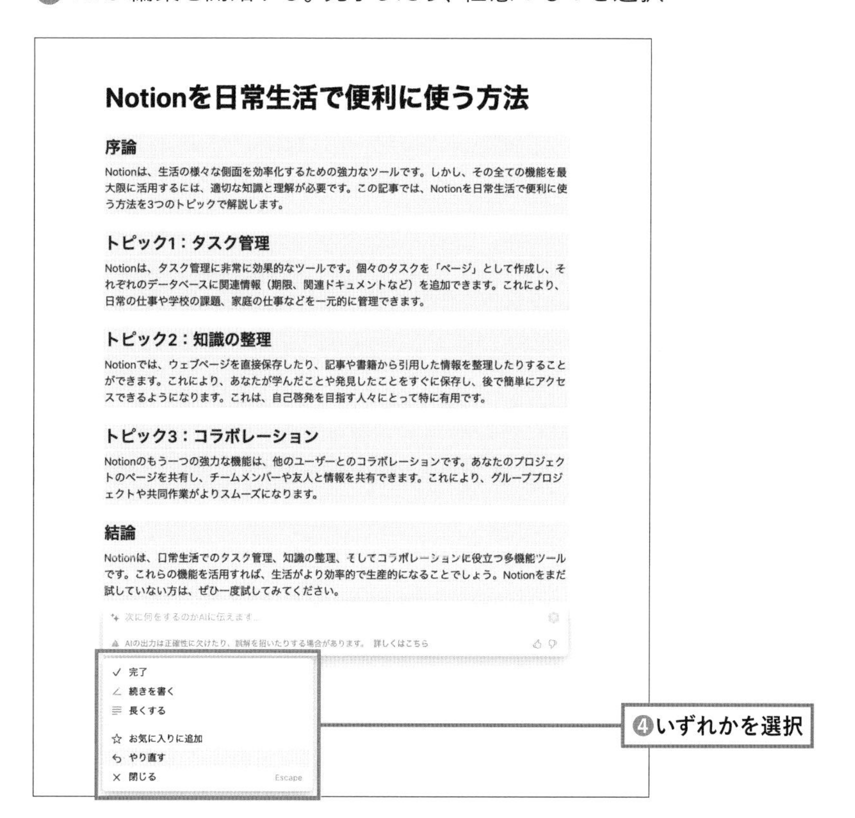

Chapter 8

特典テンプレートの使い方

習慣トラッカー

身につけたい習慣を日々チェックするテンプレートです。1日ごとにページがあり、習慣化したい項目をチェックします。ビューを「今日」「今週」「今月」と切り替えることができ、達成度をチェックできるようになっています。

このテンプレートでできること

- 日毎のページを自動生成し、今日取り組んだ習慣をチェック
- 習慣化したい項目は随時アレンジ可能
- 今週・今月の習慣の達成率を算出

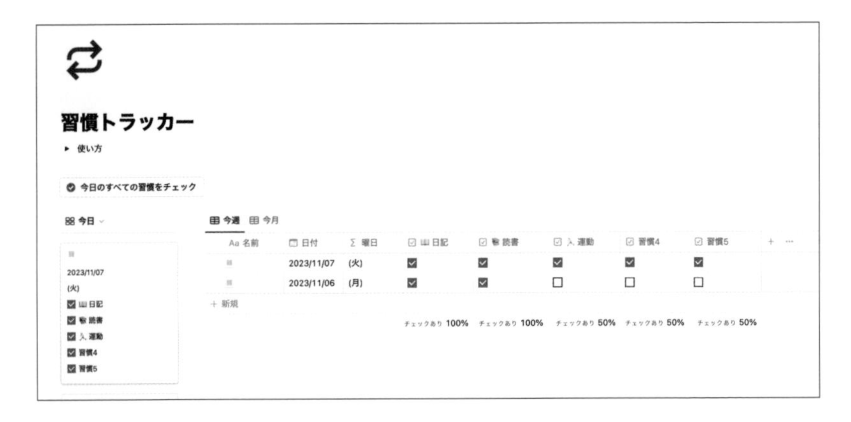

毎日の習慣チェックを行う

日々の入力を行う際の画面の見方と、操作方法を解説します。

❶ 画面左の「今日」のビューに今日行う習慣が表示される（毎日0時にその日のページが自動的に作成されている）

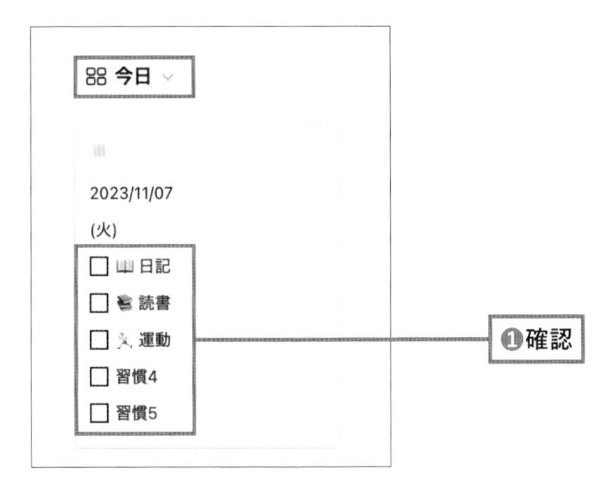

❷ 今日行った習慣のチェックボックスにチェックを入れる

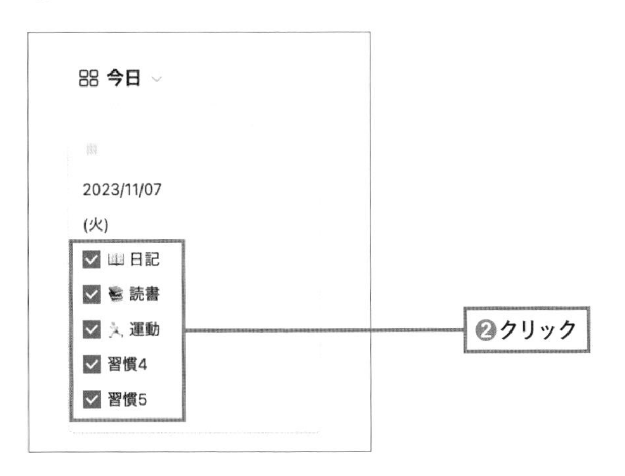

Check! 「今日のすべての習慣をチェック」ボタン

「今日のすべての習慣をチェック」ボタンをクリックすると、「今日」のビューに表示されている習慣すべてがチェックされます。まとめてチェックしたい時に便利です。

❸ ❷で行ったチェックは画面右の「今週」「今月」のビューにも反映される。一番下の行には習慣の達成率が表示される

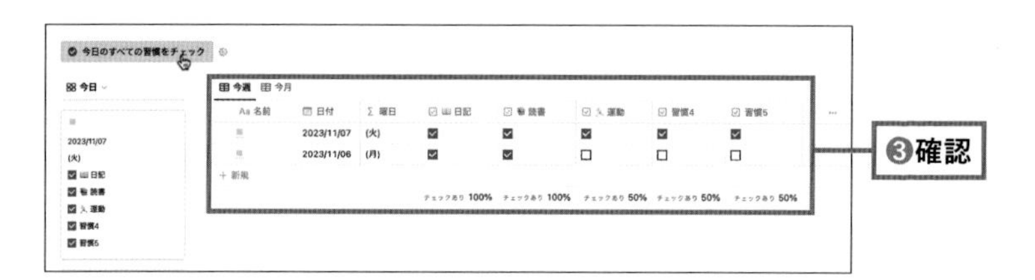

新しい習慣を追加する ①プロパティの追加

習慣の追加は、各ビューから行なえます。データベースの「プロパティ」を追加することで、習慣を作成できます。

❶「今週」または「今月」のビューで、既存のプロパティ名の一番右に表示されている＋をクリック
❷ 表示されたメニュー「DB_習慣トラッカーの新規プロパティ」の「チェックボックス」をクリック

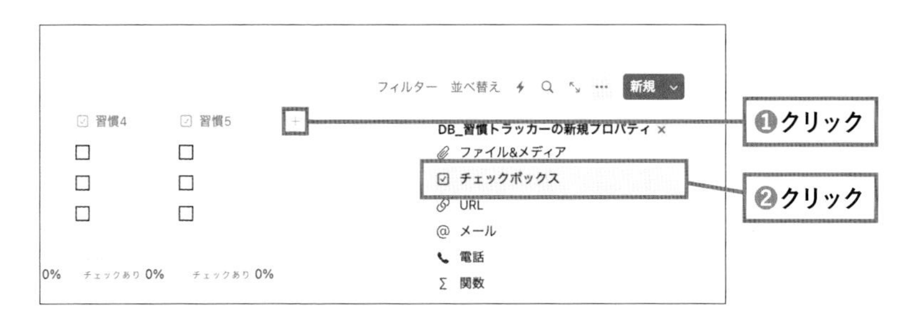

❸ テキストボックスに追加したい習慣の名前を入力して Enter キーを押す（ここでは「習慣6」と入力）
❹ 新しい習慣の項目が追加される

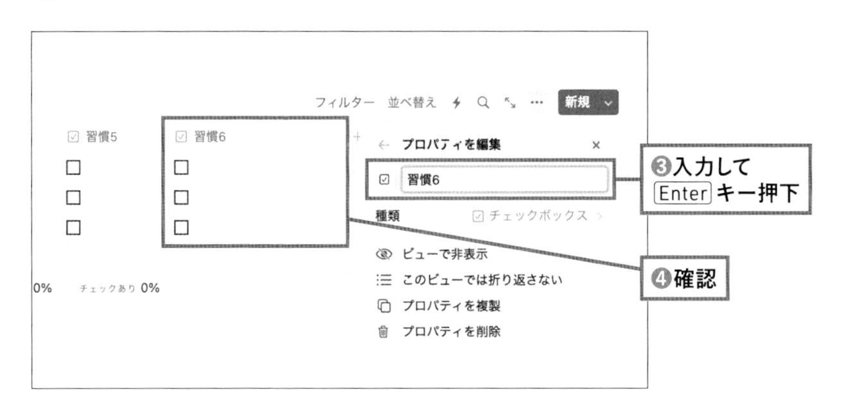

習慣の追加は、アイテム（ページ）を開いた画面からでも可能です。

❶ アイテム名の右に表示される「開く」をクリックすると、アイテムのページが開く

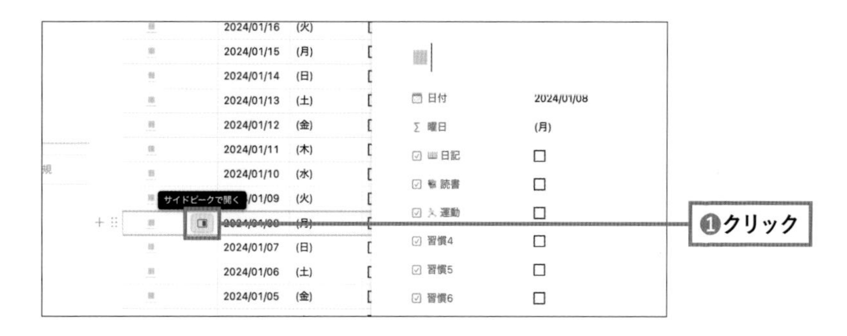

❷ 習慣の項目の一番下にある「プロパティを追加する」をクリック

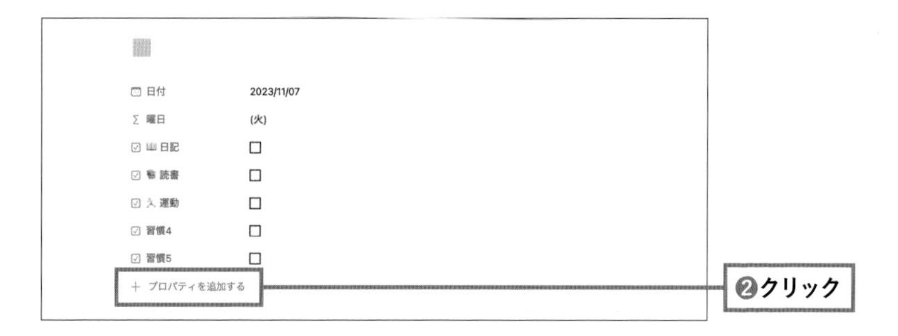

❸ 下の画像のようなプロパティの選択メニューが表示されるので「チェックボックス」をクリック

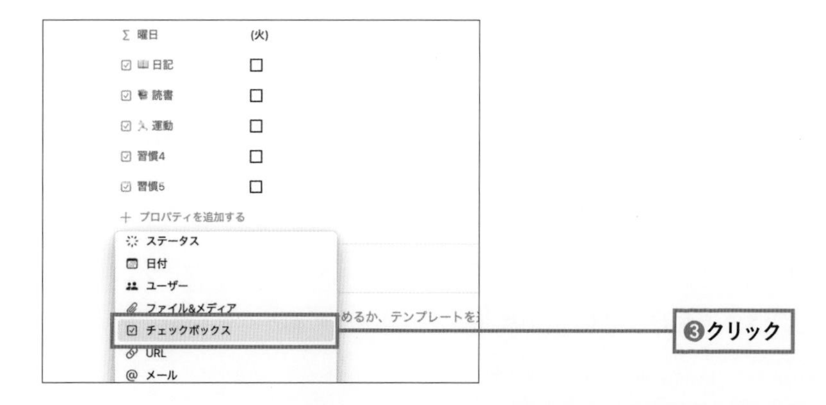

❹ テキストボックス（プロパティ名）に追加したい習慣の名前を入力して Enter キーを押す

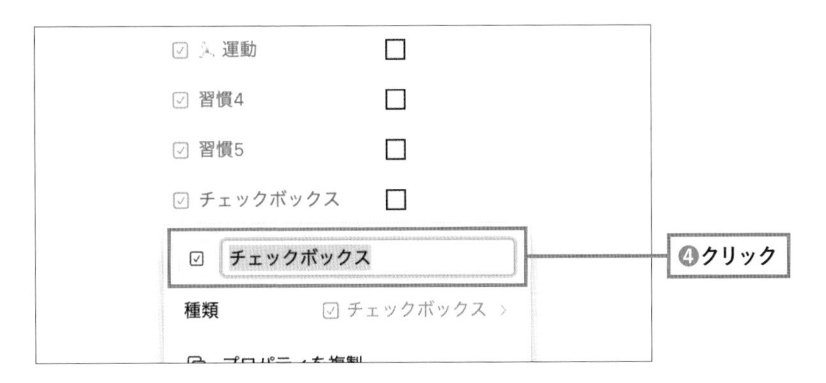

新しい習慣を追加する　②ビューに表示

先ほどは別のビューから追加したので、「今日」のギャラリービューには新しい習慣がまだ表示されていません。表示させてみましょう。

❶ データベース右上の … アイコンをクリック
❷ 表示されるメニューから「プロパティ」をクリック

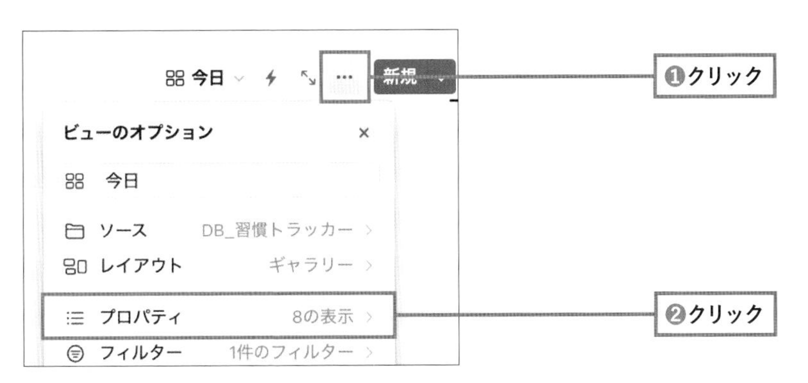

8

❸ プロパティ、つまり習慣が一覧で表示される。さきほど追加した「習慣6」の をクリックして にする

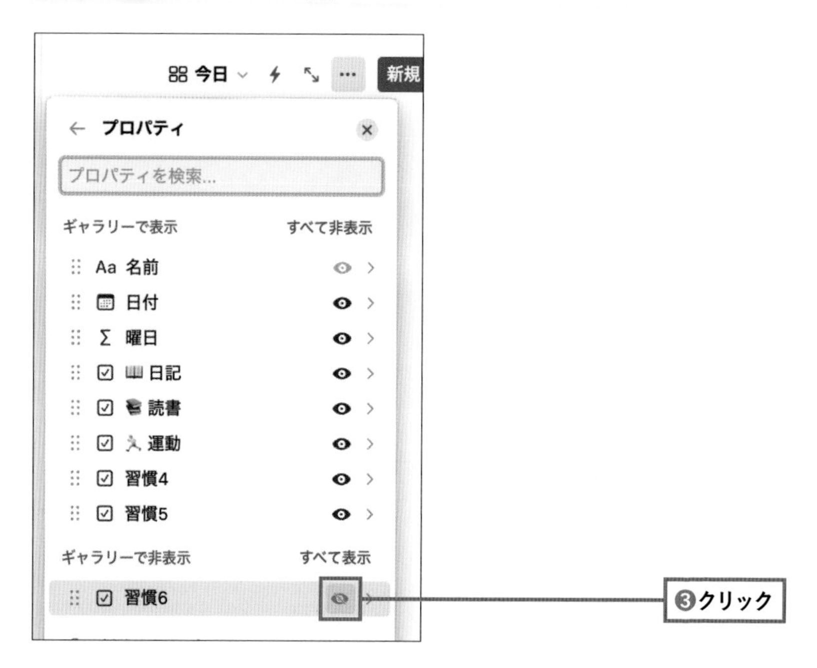

❹「今日」のビューに「習慣6」が表示される

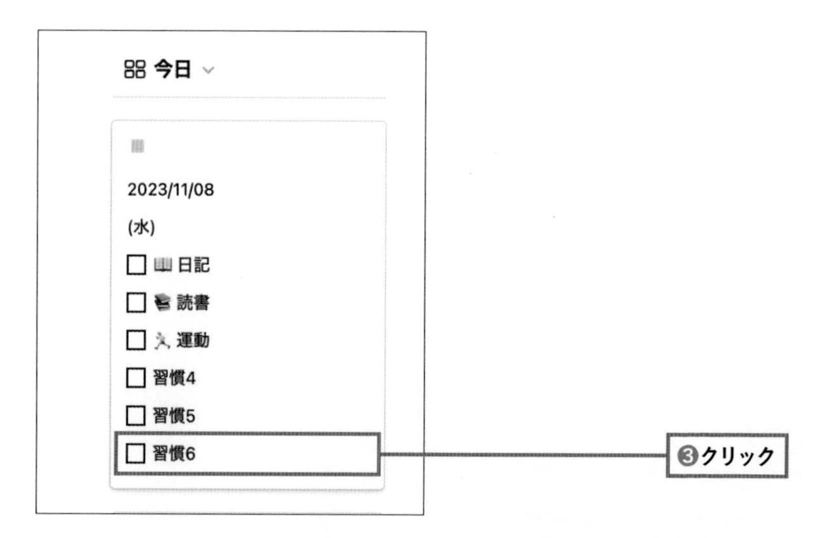

新しい習慣を追加する　③一括編集ボタンに反映

「今日のすべての習慣をチェック」ボタンにも、新しく作成した習慣を追加します。

❶「今日のすべての習慣をチェック」ボタンの右横にある⚙をクリック

❷ 表示されるメニューから「別のプロパティを編集」をクリック
❸ さらに表示されたプロパティ選択のメニューから、新しく追加した習慣「習慣6」をクリック

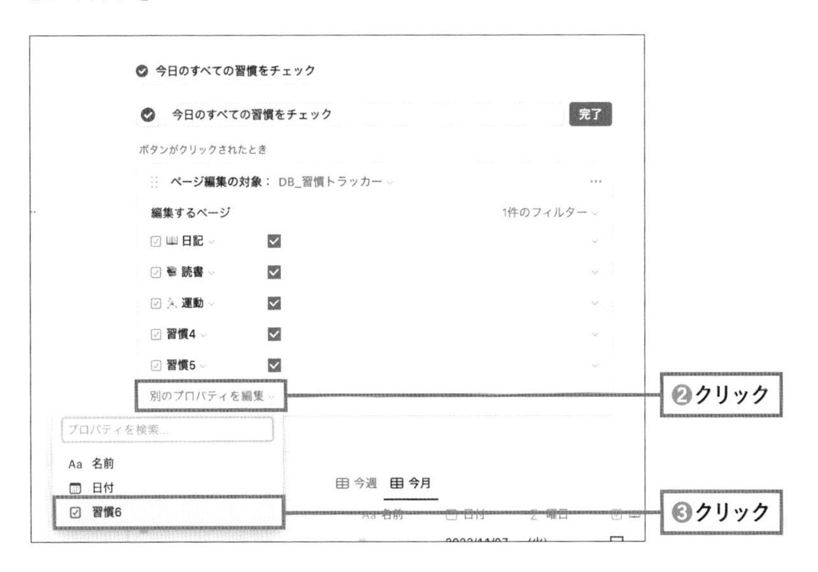

❹ 下の画像のように「習慣6」が「編集するページ」の一覧に表示される。右側にあるセレクトボックスをクリック
❺「チェックあり」をクリック
❻ 右上にある「完了」をクリック

❼「今日のすべての習慣をチェック」ボタンを押すと、習慣6も一括でチェックできるようになった

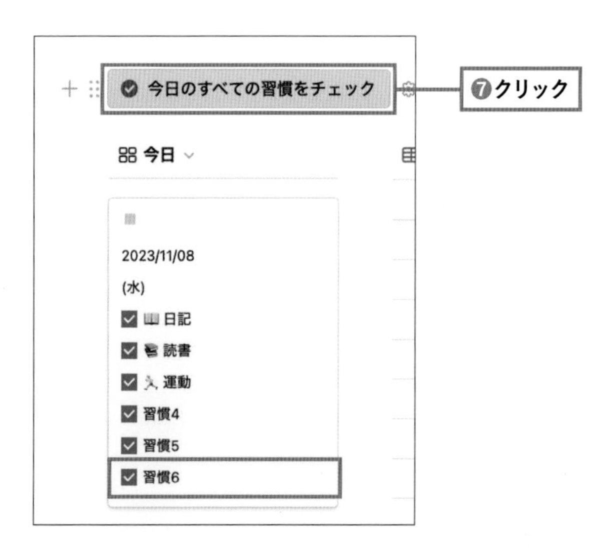

習慣の名前を変更する

習慣の名前を変更することもできます。

❶「今週」か「今月」のテーブルビューで、変更したいプロパティ名称をクリック
❷ テキストボックスで新しい名前に変更

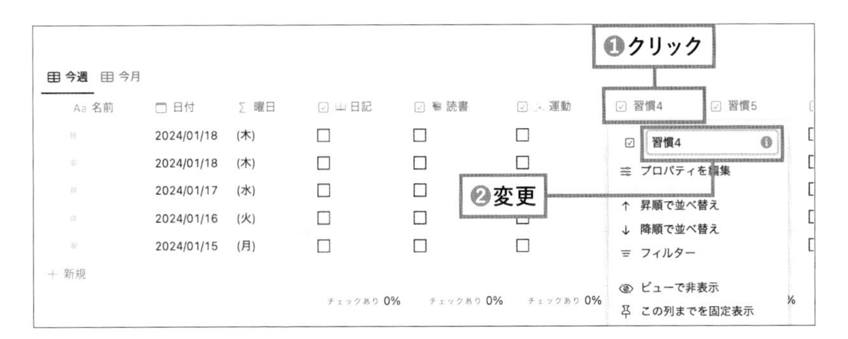

習慣を非表示にする

もう表示しなくてもいい習慣は、非表示にできます。

❶「今週」のビューで、非表示にしたい習慣の名前（プロパティ名）をクリック
❷ 表示されたメニューから「ビューで非表示」をクリック

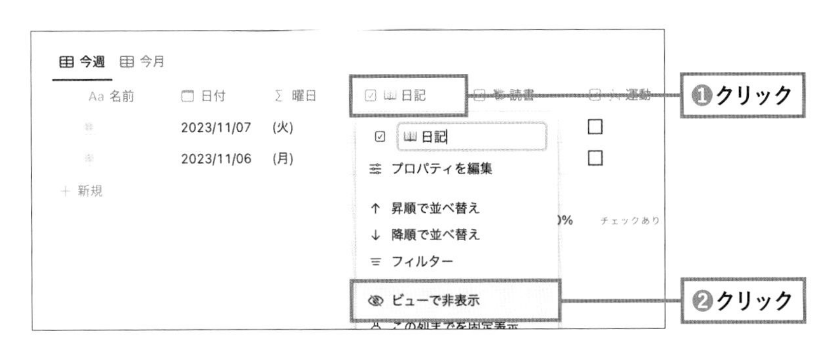

この操作を「今月」のビューでも行いましょう。これで「今週」「今月」のビューでは非表示になります。最後に、「今日」のビューでも非表示にします。

❸「今日」と表示されたデータベース右上の[…]アイコンをクリック
❹ 表示されるメニューの「プロパティ」をクリック

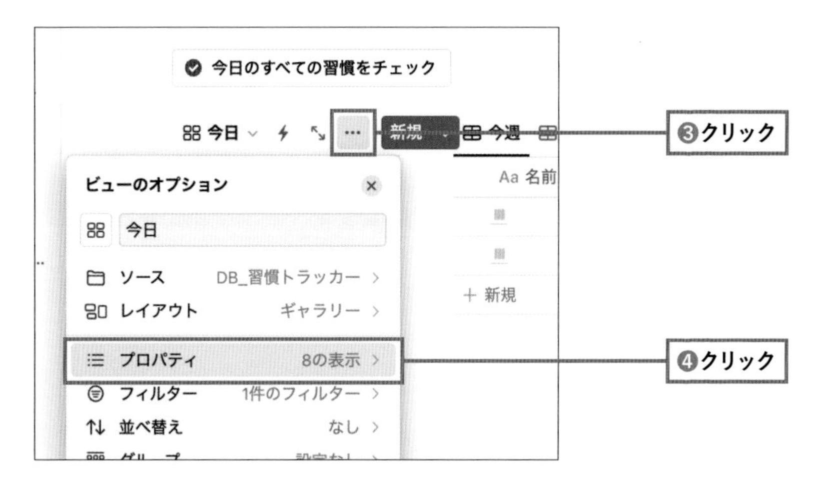

❺ プロパティ、つまり習慣が一覧で表示される。非表示にしたい習慣の[👁]をクリックして[👁]にする

Section 8 02

学習計画&ノート

教材を登録し、その学習計画と学習ノートをあわせて管理するテンプレートです。

考え方として、

教科 > 教材 > チャプター > 学習ノート

という構成になっています。

このテンプレートでできること

- 学習計画を立てる・学習日記録をとる
- 学習ノートをとる
- 教材の進捗率を算出する
- 登録する教材は、教科書、授業内容、オンライン講座、自分で調べることなどなんでもOK。体系立てて学びたいことを管理
- 教科別・教材別に分類
- 学習予定日にアラームを設定し、予定日が超過するとビューで表示

教材の基本情報を登録する

まず、学習に使う教材の基本情報を登録します。

❶ テンプレートの左上にある、見出し「教材」の「新規教材を追加」ボタンをクリック（すでに作成されている教材の下にある「＋新規」ボタンか、データベース右上にある青色の「新規」ボタンからも可能）

❷ 教材データベースのページが開くので、教材の基本情報を登録する。「タイトル」に教材の名前を入力
❸「進捗」は「未着手」「進行中」「完了」いずれかをクリック

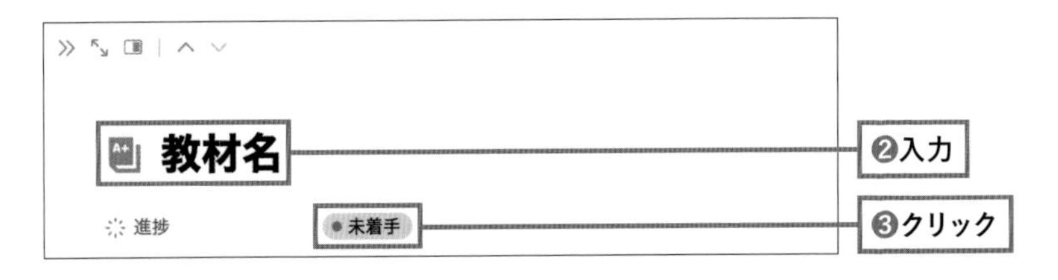

❹「教科」は既存の教科を選択するか、テキストボックスに新しい教科を入力して Enter キーを押して新規作成

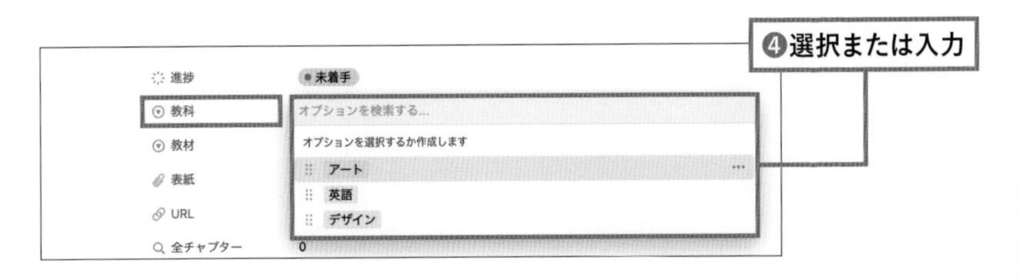

❺「教材」は既存の教材を選択するか、テキストボックスに新しい教科を入力して[Enter]キーを押して新規作成

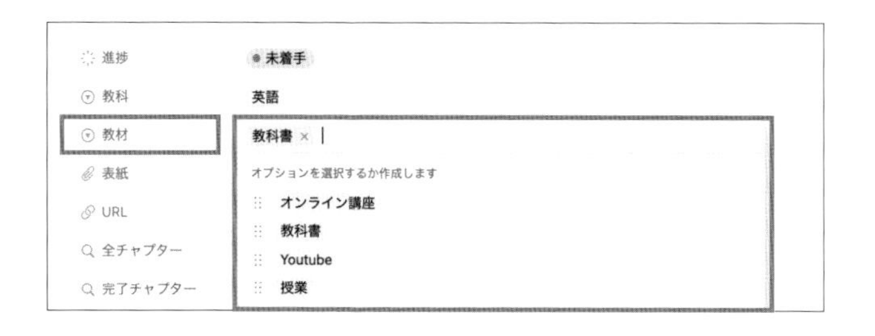

Check! 「教材」とは

このテンプレートでいう「教材」は、学習形態のことです。たとえば既存の項目として「教科書」「オンライン講座」「YouTube」などがあります。

❻「表紙」は画像ファイルのアップロードなどができるウィンドウが表示されるので、必要があれば設定
❼「URL」はテキストボックスが表示されるので、教材がオンライン講座などの場合はURLを入力

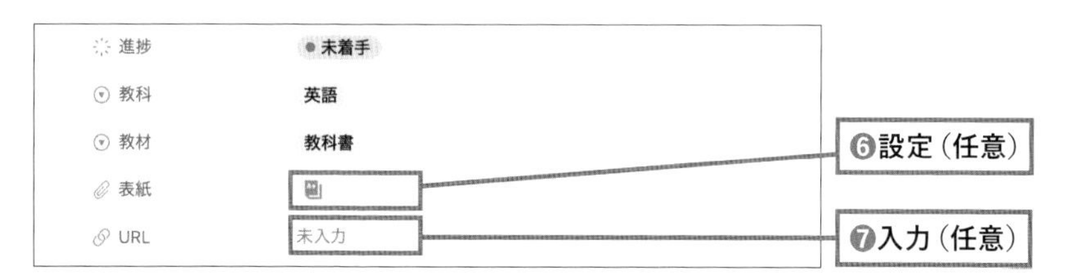

チャプターを登録する

教材に属するチャプターを登録します。

例えば、教科書なら目次の「節」、連続講座なら「第1回」などです。ノートを取りたい範囲で設定してください。

ポイントは、最初に全チャプターを登録することです。学習の都度チャプターを追加しても使えますが、進捗率を算出するためには、最初にすべてのチャプターを登録する必要があります。(空データでもOKです。後述します)

❶ 作成した教材のページに「チャプター」という見出しとデータベースが表示されるので、データベース下にある「+新規」をクリック

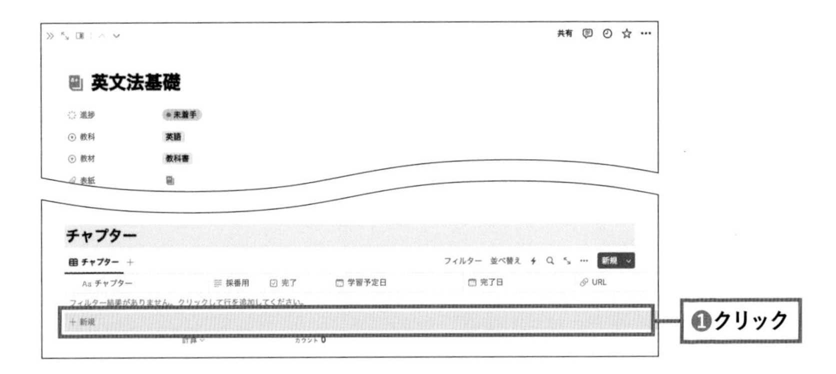

❷ 列「チャプター」に、各チャプターのタイトルを入力
❸ 列「採番用」に、チャプターの順番を数字で採番する。チャプターの順番がバラけるのを防げる(例:01、02、03…や001、002、003…など)

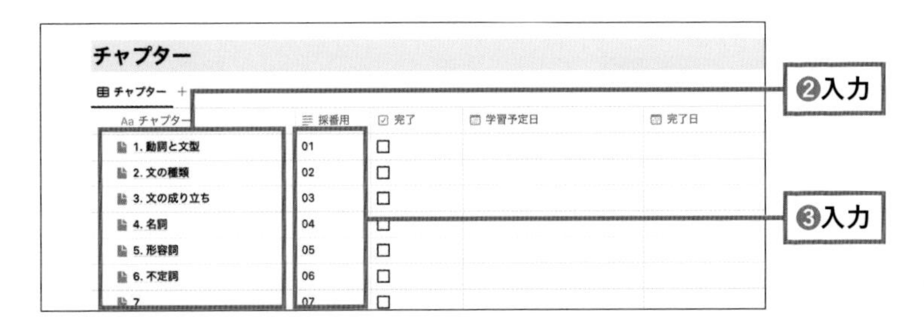

このように、空のデータでも良いので、チャプターすべての数のページを作成しておくと、進捗率の算出ができます。

学習計画を立てる

次に、登録したチャプターに対して、いつ学習するかスケジュールを立てます。

「チャプター」の下には「スケジュール調整」という見出しがあり、ここには学習予定日のカレンダーが表示されています。他の教材の学習スケジュールも考慮しながらプランニングしましょう。

学習予定日を設定する

❶「チャプター」ビューの「学習予定日」をクリックするとカレンダーが表示される。ざっくりとしたスケジュールで良いので、日付を選択

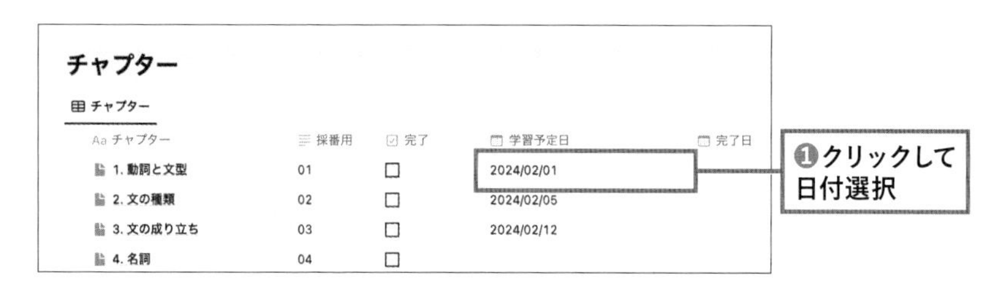

❷「チャプター」の下にある「スケジュール調整」のカレンダーに、自動的に反映される

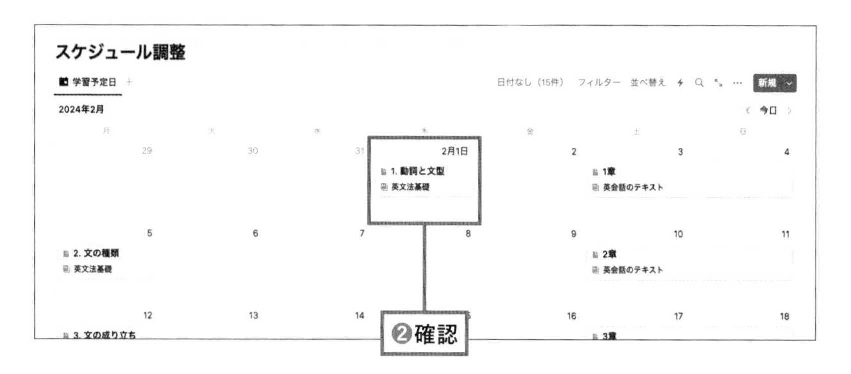

❸「学習予定日」を複数日にしたい場合、「スケジュール調整」のカレンダーに表示されているカードの右端を長押しで調整できる

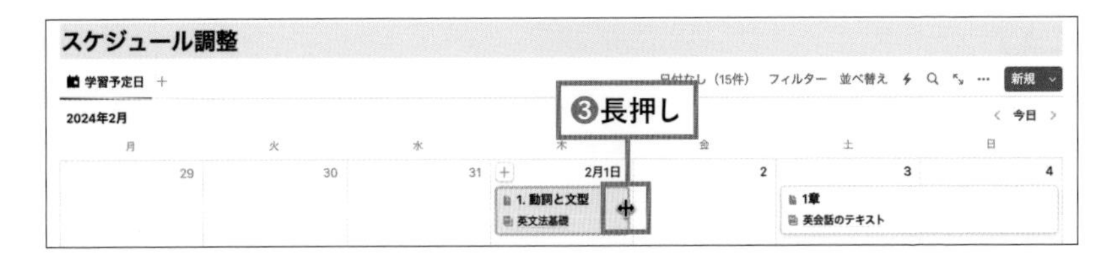

❹「学習予定日」の最終日までドラッグ&ドロップ

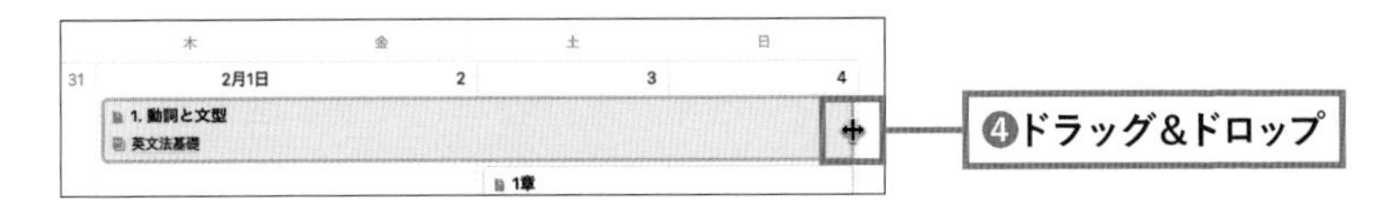

このカレンダーと同様のものが、トップページの「スケジュール&学習記録」右上の「学習予定日」として表示されます。

リマインダーを設定する

学習予定日を忘れないよう、リマインダーを設定することもできます。

❶「チャプター」ビューで設定した「学習予定日」の日付をクリック
❷ メニューが表示されるので「リマインド」をクリック
❸ 選択肢からリマインド(通知)時間をクリック

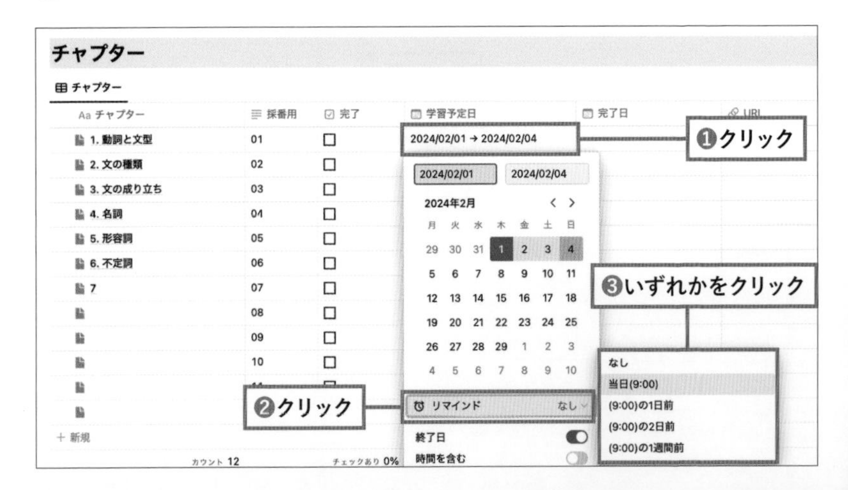

学習予定日が超過したチャプター

学習予定日が超過したチャプターは「学習計画&ノート」の「スケジュール&学習記録」にある「学習予定日超過」ビューに表示されます。

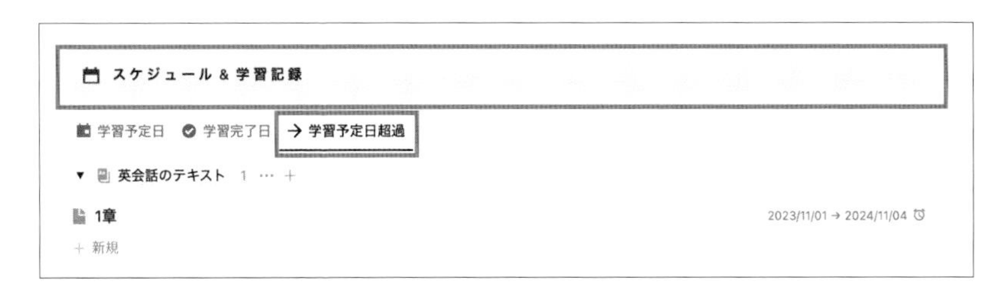

学習ノートをとり、チャプターを完了させる

学習予定日が来たら、チャプターのページを開き、ノートをとりましょう。完了チェックをすると、進捗率が更新されます。

❶ 教材の「チャプター」ビューか、学習予定日のカレンダーから、アイテムを開く
❷ ページ下部（「コメントを追加」より下）をクリックするとブロックの入力ができるようになるので、自由にノートをとる
❸ 学習が完了したら「完了日」をクリックしてカレンダーから日付を選択
❹「完了」チェックボックスにチェック

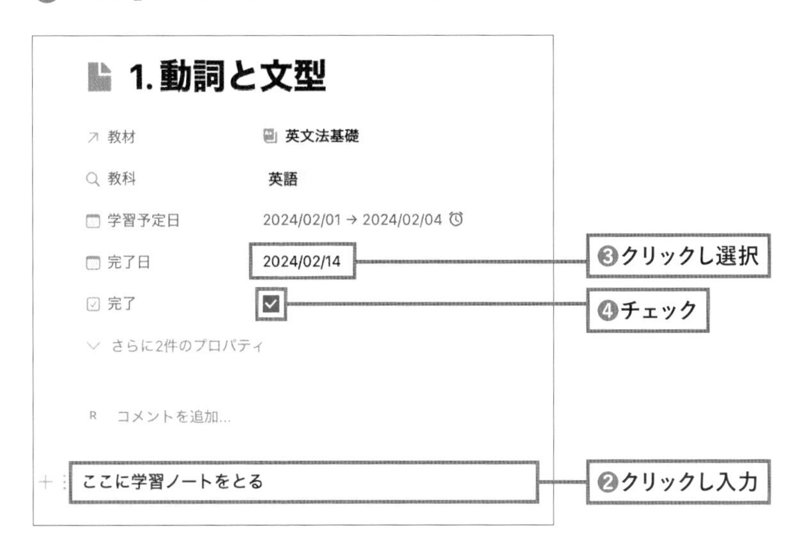

❺ 完了したチャプターは「学習計画＆ノート」の「スケジュール＆学習記録」にある「学習完了日」ビューに表示される

❻ 教材を確認すると、完了したチャプターがカウントされ、進捗率が算出されている

教材をアーカイブ化する

すべてのチャプターが完了したら、「アーカイブ」のエリアに表示させましょう。

❶ 教材のページを開き、「進捗」から「完了」をクリック

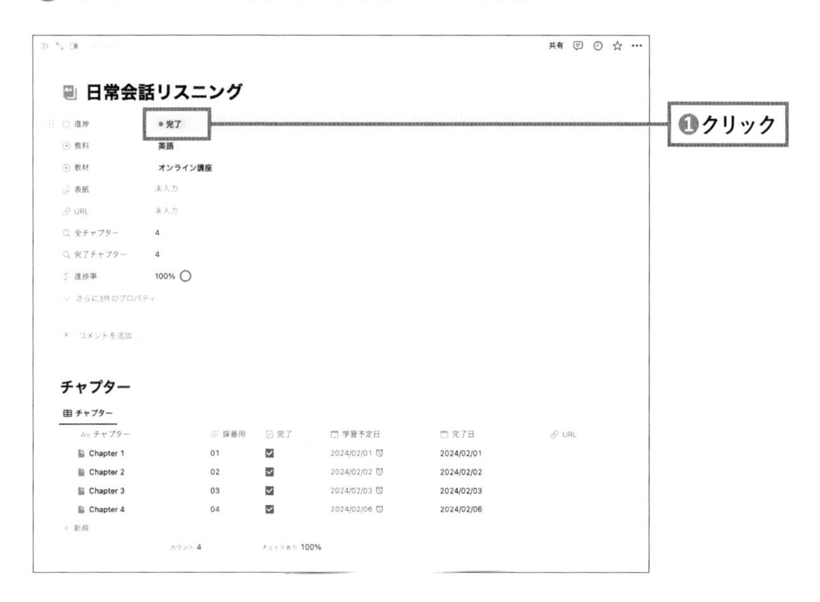

❷「学習計画＆ノート」を下にスクロールすると表示される、見出し「アーカイブ」に表示される

OKR管理

OKRとは、Objectives（目標）とKey Results（主要な成果）の略で、高い目標を達成するために使われるフレームワークです。Google社などでも採用されています。このテンプレートではOKRの最低限のエッセンスを使い、個人でも使えるように想定しています。

まず初めに、OKR設定のポイントを簡単に説明します。

このテンプレートでできること

- Objectiveとそれに対応するKey Resultの設定
- 進捗率の算出

Objectivesとは

Objectivesとは、「何を目指したいのか？」という「目標」です。

「ストレッチゴール」、つまり、達成しそうでできないくらいの高い目標を設定します。OKRでは、100%の達成は求められず、挑戦が課題となります。

ポジティブで、より高みを目指す表現で書きます。具体的な数値目標ではない、定性的な表現にします。（目標数値はKey Resultの方で設定します）

- OK例　オンラインショップを新規開設し収益化する
- NG例　オンラインショップで～を1000個売る（定性的ではない。具体的すぎる）
- NG例　～をしないようにする、～を継続する（ポジティブな表現とはいえない）

Key Resultとは

目標までの到達度を測る指標を書きます。1つのObjectiveに対し、3～5個程度設定します。客観的に見ても評価でき、具体的な数値目標であることが重要です。

- OK例　新製品を2つ発売する／新製品アイディアを10個まとめる／50万円売上を達成する
- NG例　新製品を発売する（ざっくりすぎる）

新規Objectiveを追加する

まずは「Objective」を登録します。

❶「新規Objectiveを追加」ボタンをクリック（すでに作成されているObjectivesの下にある「＋新規」か、データベース右上の「新規」ボタンからも可能）

❷「DB_Objectives」に新規登録する。「タイトル」には、今回立てたい目標（Objective）を入力
❸「期」は、既に作成されている四半期を選択するか、テキストボックスに四半期を入力し Enter キーを押して新規作成
❹「日付」は、クリックするとカレンダーが表示されるので実行期間をクリック
❺「Objective進捗」は、「計画中」「進行中」「完了」のいずれかをクリック

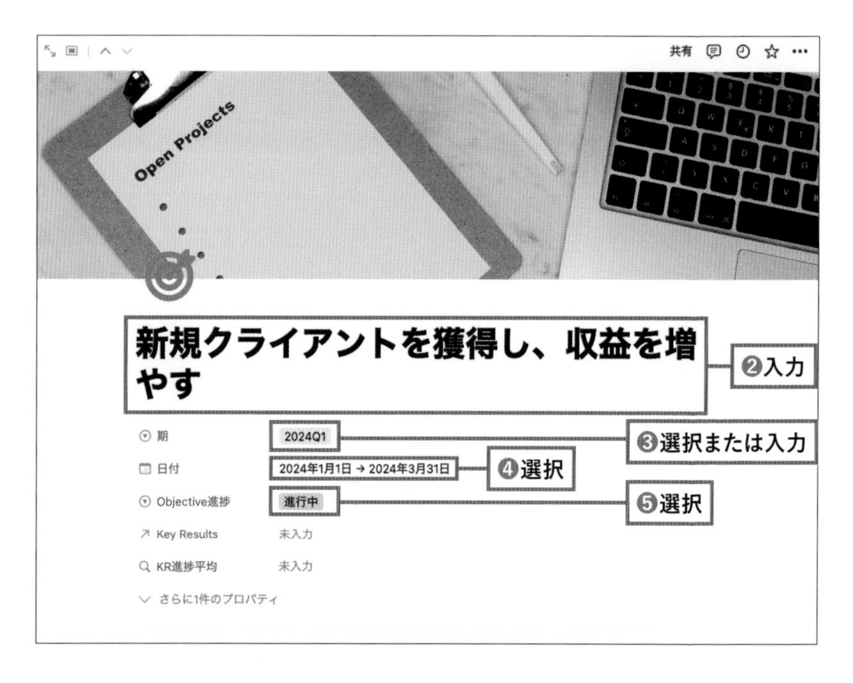

新規Key Resultを追加する

次に、「Objective」に対応する「Key Result」を登録します。

❶ 見出し「Key Results」の下の「新規Key Resultを追加」ボタンをクリック（作成したObjectiveの下に表示されている「＋新規」、データベース右上の「新規」ボタンからも可能）

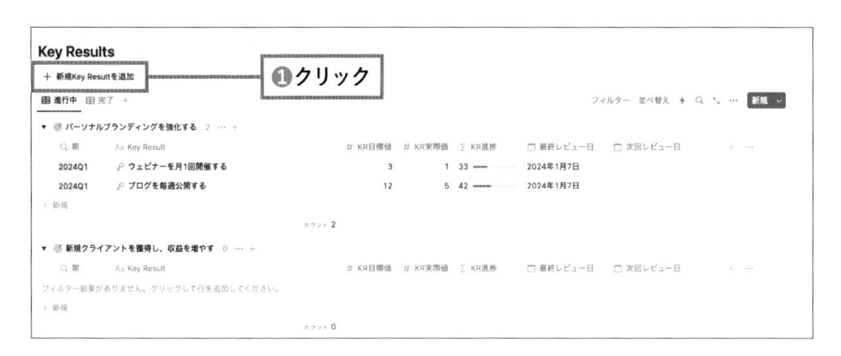

❷「DB_Key Results」に登録する。「タイトル」には、さきほど作成した目標（Objective）の到達度を測る指標（Key Result）を入力
❸「Objective」は、さきほど作成した「Objective」を選択
❹「KR目標値」は、「タイトル」に入力したKey Resultで設定した数値を入力（今回は1期（3か月）×3件なので「9」）
❺「次回レビュー日」は、クリックするとカレンダーが表示されるので日付をクリック（週1回、月1回など期間を決め、通知も設定するのがおすすめ）

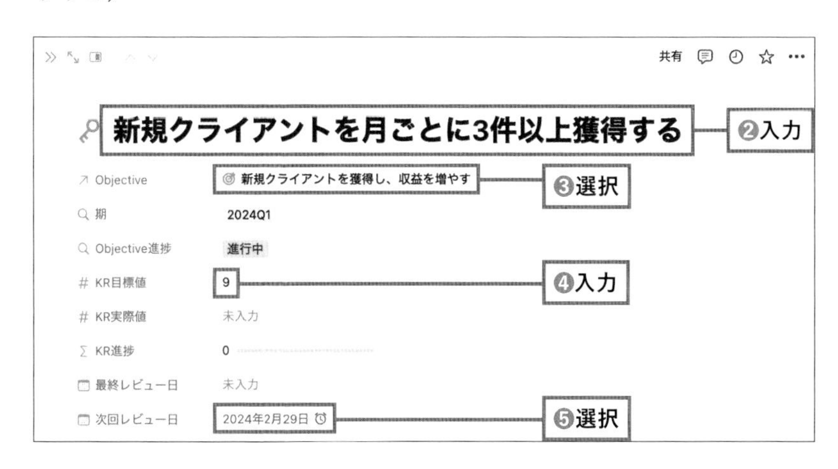

初期設定はこれで完了です。

OKR進捗の管理方法

対象期間の3ヶ月の間に目標値に近づけるように行動しましょう。進捗を記録する際は、以下のように操作します。

❶「DB_Key Results」データベースに進捗を入力する。「KR実際値」は、Key Resultに設定した内容の到達数を入力（入力すると「KR進捗」の%が更新される）
❷「最終レビュー日」は、メモとして入力
❸「次回レビュー日」を都度設定する

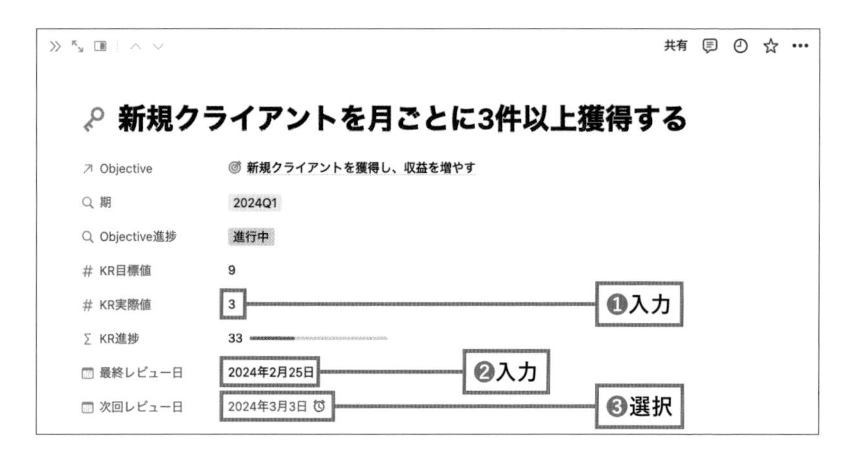

上記のように進捗を行い値を更新すると、次の画像のように「DB_Objectives」にも、対応するKey Resultsすべての進捗（平均値）が表示されます。

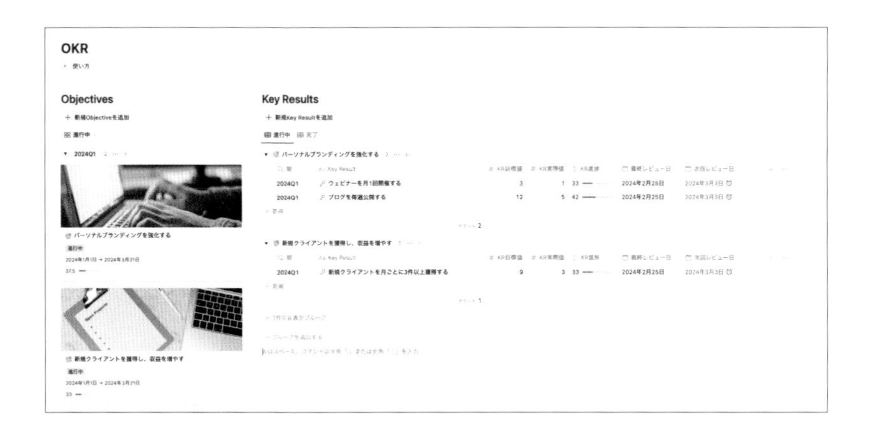

3ヶ月毎にObjectiveを設定しましょう。進行中のObjectiveだけが表示されるようにしておき、常に目標に対してアクションができているか、進捗をチェックしましょう。

プロジェクト&タスク

複数のタスクが紐づくものを「プロジェクト」とし、タスクの進捗率を測ってプロジェクトの完遂を目指すテンプレートです。

このテンプレートでできること

- プロジェクトに紐づくタスク管理
- プロジェクトの進捗率を算出する
- やりたいことをメモする

このテンプレートは、3つのエリアで構成されています。

- プロジェクト（「プロジェクト」データベース）
- タスク（「タスク」データベース）
- やりたいことリスト

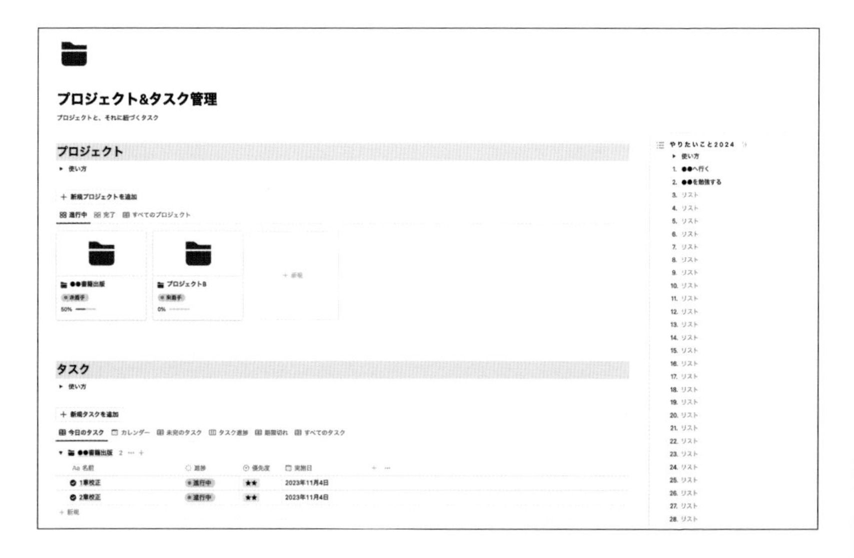

やりたいことリスト

まずは、やりたいことリストを記入します。日頃からやりたいことをメモしておきましょう。やりたいけれどなかなか具体的に進められないな…というものを書いてみてください。

プロジェクトの登録

さきほど作成したやりたいことリストから、具体的に進めたいものをプロジェクト登録します。

❶ 見出し「プロジェクト」の、「新規プロジェクトを追加」ボタンをクリック（既存のページ右の「＋新規」、データベース右上の「新規」からでも可能）

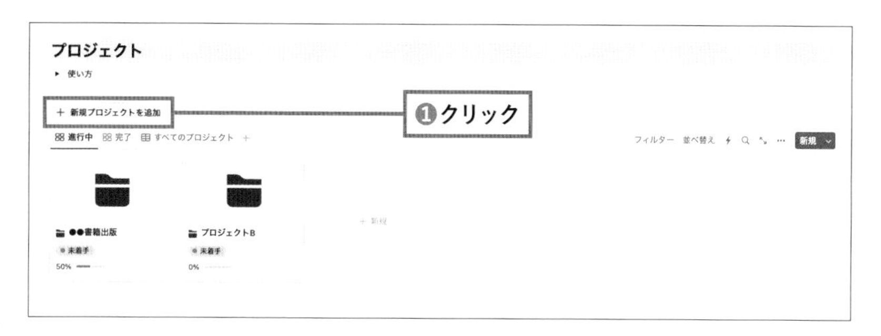

❷ プロジェクトデータベースのページが表示される。プロジェクトの概要を登録する。「タイトル」には、プロジェクト名を入力。
❸「期」は、既に作成されている期間を選択するか、テキストボックスに期間を入力しEnterキーを押して新規作成（ここでは四半期を設定）
❹「開始日」は、クリックするとカレンダーが表示されるのでプロジェクトの開始日をクリック

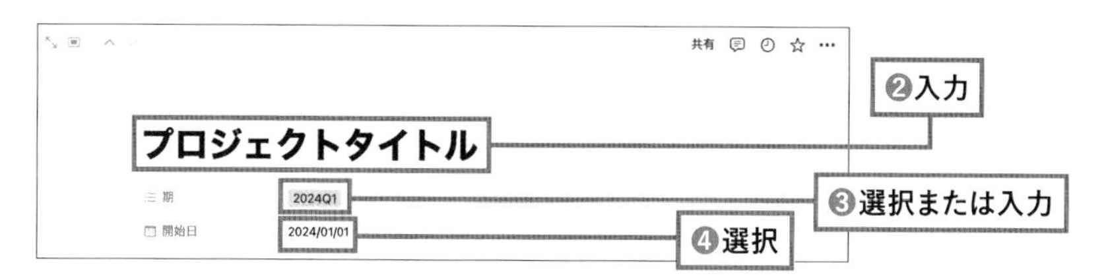

❺「終了日」は、クリックするとカレンダーが表示されるのでプロジェクトの終了日をクリック
❻「イメージ画像」は、クリックすると画像ファイルのアップロードなどができるウィンドウが表示されるので、必要があれば設定（プロジェクト一覧で表示されるイメージ画像）
❼ ページ下の方にある、データベーステンプレート「無題」をクリック

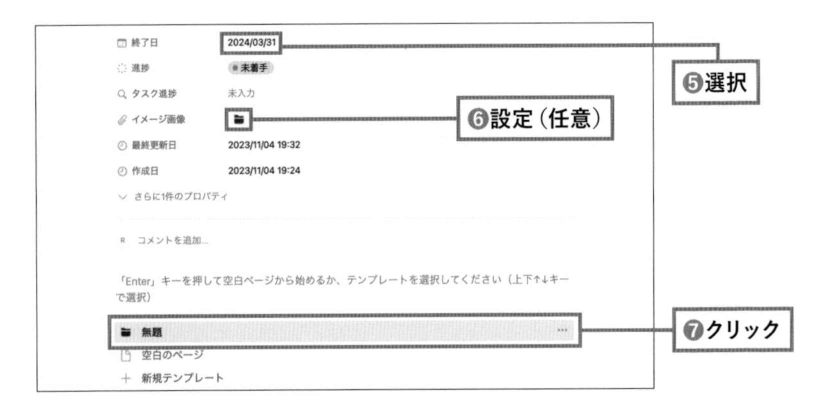

❽ データベーステンプレートが反映される（紐付いたタスクを表示するエリアと、アイコンを登録）

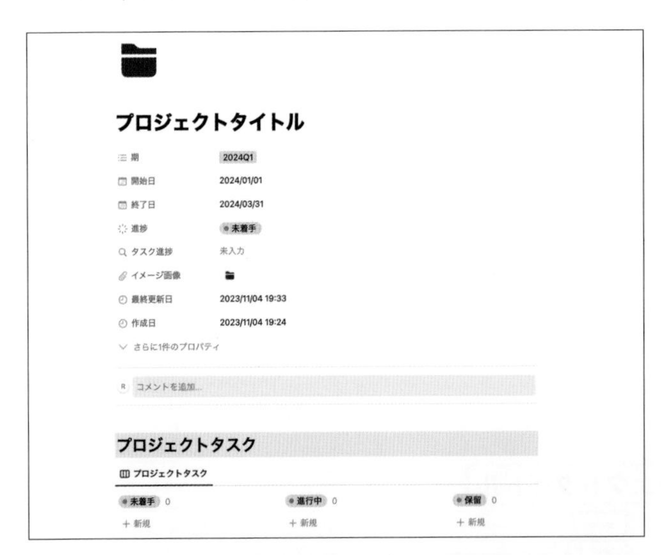

タスクの登録

次に、プロジェクトに紐付くタスクを登録します。

❶ 見出し「タスク」の、「+新規タスクを追加」ボタンをクリック（データベース内の「+新規」、データベース右上にある「新規」からでも可能）

❷ タスクデータベースのページが表示される。「タイトル」には、タスク名を入力
❸「DB_プロジェクト」は、このタスクに紐付けるプロジェクトを選択（さきほど作成したプロジェクトを選択）
❹「進捗」は、タスクの進捗を選択。「未着手」「進行中」「完了」のいずれかをクリック
❺「実施予定日」は、クリックするとカレンダーが表示されるので、タスクの実施予定日をクリック
❻「優先度」は、タスクの優先度を選択。「★」「★★」「★★★」のいずれかをクリック

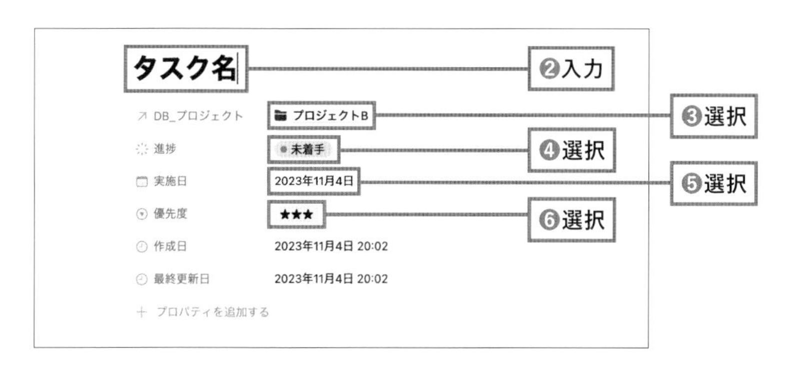

タスク化する際のポイントは、ゴールまでのステップをなるべく細かく洗い出すことです。それによってより正確な進捗率となります。最初の段階ではステップがわからない場合も、「〜を調べる」「関連書籍を買う」「専門家に聞く」などとしてタスク化しておきましょう。

また、このテンプレートでは、プロジェクトに含まれない日常の細かなタスクも管理することができます。その場合は、タスク登録時に「DB_プロジェクト」のプロパティを空欄にしてください。

日々のタスク管理は、いくつかのビューを見ながら行います。

ビューは、「今日のタスク」「カレンダー」「未完のタスク」「タスク進捗」「すべてのタスク」の5つがあります。

タスクが完了したら、「進捗」を「完了」にしてください。プロジェクトの進捗率が変わります。

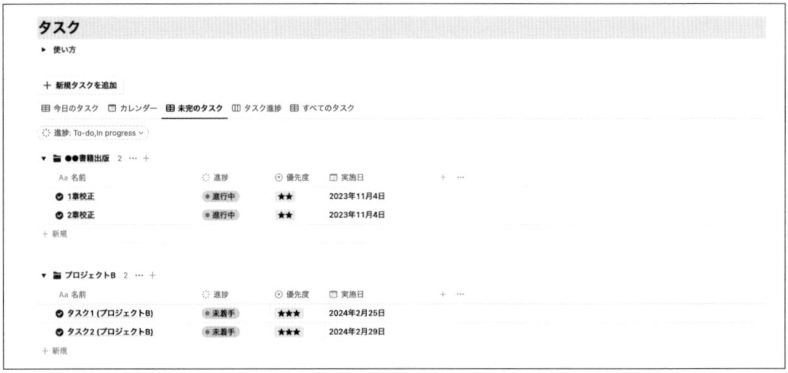

タスク

▸ 使い方

＋ 新規タスクを追加

今日のタスク　カレンダー　未完のタスク　タスク進捗　すべてのタスク

進捗: To-do,In progress

▾ ●●書籍出版 2

名前	進捗	優先度	実施日
1章校正	進行中	★★	2023年11月4日
2章校正	進行中	★★	2023年11月4日

＋ 新規

▾ プロジェクトB 2

名前	進捗	優先度	実施日
タスク1 (プロジェクトB)	未着手	★★★	2024年2月25日
タスク2 (プロジェクトB)	未着手	★★★	2024年2月29日

＋ 新規

Check! その他の特典テンプレート

その他の解説は、下記を参照してください。

Chapter2で解説

・メモ　・タスク

テンプレートで解説

・鑑賞録　・レシピ　・SNS管理　・日記

Index 索 引

アルファベット

あ行

か行

さ行

た行

は行

ま行

ら行

わ行

※本書は2024年1月現在の情報に基づいて執筆されたものです。
本書で紹介しているサービスの内容は、告知無く変更になる場合があります。あらかじめご了承ください。

著者プロフィール

rie

Notionクリエイター、ライター。Notionの活用術やテンプレートを発信中。公式テンプレートギャラリーにて「おすすめのクリエイター」として掲載。公式認定資格「Notion Essential Badge」「Notion Setting & Sharing Badge」取得。
https://bento.me/rie

カバーデザイン：山之口正和（OKIKATA）

今すぐ使えるNotion
基本＋活用＋テンプレート

発行日　2024年　3月　1日　第1版第1刷
　　　　2024年　8月26日　第1版第2刷

著　者　rie

発行者　斉藤　和邦
発行所　株式会社　秀和システム
〒135-0016
東京都江東区東陽2-4-2　新宮ビル2F
Tel 03-6264-3105（販売）Fax 03-6264-3094
印刷所　株式会社シナノ　Printed in Japan

ISBN978-4-7980-7116-9 C3055

定価はカバーに表示してあります。
乱丁本・落丁本はお取りかえいたします。
本書に関するご質問については、ご質問の内容と住所、氏名、電話番号を明記のうえ、当社編集部宛FAXまたは書面にてお送りください。お電話によるご質問は受け付けておりませんのであらかじめご了承ください。